PER QUÈ ELS ELEFANTS NO TENEN CÀNCER?

NEURONES FREGIDES

PER QUÈ ELS ELEFANTS NO TENEN CÀNCER?

I altres preguntes científiques que et fregiran les neurones

Toni Bertólez Martínez, Miquel Bosch i Padrós, Marc Canela Grimau, Pau Clavell Revelles, Mariona Colomer Rosell, Mariona Esquerda Ciutat, Clàudia Ferrer Aumatell, Quim Frigola Casals, Cristina Hurtado Tripiana, Víctor Jiménez Martínez, Guillem Megias Homar, Agnès Pérez Millan, Pau Riera i Portillo, Nil Salvat i Rovira, Ferran Velasco Mallorquí, Cèlia Ventura i Gabarró

ROSA DELS VENTS

Penguin
Random House
Grupo Editorial

Primera edició: octubre del 2023

Printed in Spain – Imprès a Espanya

ISBN: 978-84-19259-58-5
Dipòsit legal: B-13.796-2023

Compost a M. I. Maquetación, S. L.

Imprès a Romanyà Valls, S.A.
Capellades (Barcelona)

VT 5 9 5 8 5

Índex

Introducció

Una realitat interconnectada i plural

Víctor Jiménez Martínez

Quan parlem de ciència ens imaginem aquell concepte abstracte i apersonal que ens omple la boca amb un aire quasi místic. Però res més allunyat de la realitat: la ciència és un concepte del tot terrenal i humà. De fet, la podem definir com una activitat social amb què pretenem respondre preguntes i resoldre problemes referents al funcionament de la realitat. Com tota activitat social, va acompanyada de certes estructures i organitzacions que vetllen pel seu desenvolupament i s'erigeixen en un potent altaveu per respondre tota mena de qüestions amb el fonament que articula el nostre coneixement.

La realitat que ens envolta és plena de fenòmens que amaguen grans incògnites, des de per què patim certes malalties o quin és l'origen de l'Univers i de les espècies, fins a les vivències més quotidianes com per què els objectes es mouen com es mouen o com ens orientem en l'espai. Meravellats de l'experiència que vivim, ens fem preguntes que només nosaltres mateixos podem respondre.

Així, com si el coneixement científic fos una construcció, ens trobem davant d'un edifici amb una façana d'una simplicitat preciosa que amaga una estructura d'allò més profunda. Ho vulguem o no, l'activitat científica implica tota una sèrie d'assumpcions que, com pilars, ens donen el suport per seguir construint mentre ens enfrontem als temuts interrogants. Assumim, així, la idea que el món és una realitat objectiva i independent de la nostra percepció (hi ha un món fora del nostre cap!) i que és material, físic, si volem. És clar, si no fos d'aquesta manera, costaria d'acceptar que es pot estudiar i explicar a través de mètodes empírics i lògics. I on quedaria la ciència?

El món, doncs, és material. És a dir, que està fet de matèria. I què és la matèria? Podem definir-la com l'element bàsic que conforma tot allò que existeix. Des dels grans de sorra fins a les estrelles, els éssers vius, l'aire o la llum, tots els objectes que percebem directament o indirectament estan fets de matèria. També podríem dir que la matèria és una entitat dinàmica. És a dir, sempre està en constant moviment i interconnectada mitjançant interaccions i relacions de tota mena. Segur que algun cop has sentit a parlar dels estats sòlid, líquid i gasós. Doncs bé, això és perquè la matèria s'organitza en diferents nivells de complexitat, en què, més enllà de la classificació «sòlid, líquid, gas», trobem estructures que van des de les partícules subatòmiques i els àtoms fins a les ones electromagnètiques, passant per les molècules, cèl·lules, organismes, ecosistemes, societats i un llarg etcètera. Vivim en un món material on aquests canvis constants i les interaccions de les seves parts regnen per donar lloc a tots els fenòmens descrits i per descriure.

És per això que la ciència és una eina fonamental per explicar els fenòmens naturals en els termes de la matèria i les seves interaccions. A través de l'observació, experimentació, formulació de teories i contrastacions empíriques, busquem comprendre els processos naturals en forma de lleis físiques, químiques, biològiques, etc. Això no només ens permet comprendre el món que habitem, sinó que deriva en una aplicació que ens permet desenvolupar tecnologies, millorar la salut i qualitat de vida, resoldre problemes ambientals i socials... Ens dona un poder transformador sobre el món.

Per tant, una cosa queda clara: la realitat no es pot entendre de manera aïllada, sinó que l'hem d'abordar considerant les relacions i interaccions de la matèria. Aquesta visió implica la comprensió del global a través de les diverses parts, on hi tenen un paper des de les ciències socials fins a les ciències naturals.

Perquè, superant aquell concepte de *la Ciència*, ens trobem que és necessari reconèixer la seva pluralitat. Les ciències són plurals i cadascuna aporta una perspectiva única per comprendre la diversitat dels sistemes que conformen el món. Cap ciència única, per si sola, pot donar una explicació completa i exhaustiva de tots els fenòmens naturals. Podem explicar un fenomen biològic amb l'ajuda de la física o la química, però mai el podrem reduir només a física o química. És només integrant les diverses visions i els diferents mètodes que podem obtenir un coneixement més global, tenint en compte la xarxa de sistemes que interactuen constantment per donar lloc a aquesta bonica realitat.

És ben fàcil d'il·lustrar aquest caràcter plural i interdisciplinari amb una gran varietat de temes que ens toquen de més o menys lluny. Fa més de cinquanta anys que la comunitat científica estudia i adverteix del canvi climàtic. I aquest canvi climàtic no comporta una simple pujada de la temperatura, sinó tota una intricada xarxa de fenòmens atmosfèrics, ecològics, geològics, biològics i socials que ens empenyen a integrar una infinitat de branques del coneixement. Amb esforços gegantins, intentem comprendre els efectes d'aquesta obra humana sobre el nostre planeta i el seu futur.

Les ciències ens permeten meravellar-nos de totes aquestes coses —petites i grans— en un món on l'experiència humana és de vegades asfixiant i aclaparadora. Petites preguntes amaguen grans veritats, i per això aquest llibre et porta de bracet a través de diversos fenòmens i problemes per mostrar com, tot i estar aparentment separats d'entrada, formen una xarxa que es nodreix dels punts d'unió. Cada capítol és una explicació propera i detallada d'una persona entesa en el tema professionalment. És amb aquesta empremta personal que podràs veure la diversitat de branques d'aquest arbre tan frondós i, alhora, tots els punts d'unió que les connecten. Això, amb l'objectiu de comunicar i fer entendre un món que no ens ha de resultar estrany, sinó familiar; perquè el coneixement deixa de tenir sentit si no es comparteix.

1

Es poden generar òrgans al laboratori?

Ferran Velasco Mallorquí

L'enginyeria de teixits i la medicina regenerativa són línies de la investigació biomèdica que ens permeten generar teixits i miniòrgans al laboratori. Al llarg d'aquest capítol explicarem com es poden generar aquests miniòrgans al laboratori, per a què s'utilitzen, i en veurem algun exemple, començant per la bufeta generada pel doctor Atala, fins a arribar als organoides generats avui en dia.

En un món cada dia més globalitzat, la ciència té molts reptes per afrontar. Un dels camps més importants i on es destinen més recursos és el de la recerca biomèdica, que pretén donar resposta a reptes com evitar malalties, diagnosticar-les, tractar-les i fins i tot curar-les. L'exemple més clar i evident és la lluita contra el càncer, una malaltia amb molta prevalença i molt individualitzada que complica força la possibilitat de trobar solucions globals. Aquí és on apareix una potencial solució que inclou una gran varietat de reptes més petits: la medicina personalitzada. És a dir, com tractar cada malaltia de manera individualitzada per a cada pacient.

En camps com aquests la investigació biomèdica hi té molt a dir: des de l'ús de biosensors o intel·ligència artificial per detectar malalties precoçment fins a tractaments amb cèl·lules mare o l'edició genètica. Però ara tampoc us vull avançar informació. Molts d'aquests conceptes, entre d'altres, els podreu anar llegint al llarg del llibre.

En aquest capítol parlarem d'una altra aproximació que té la recerca biomèdica per posar fil a l'agulla en tots aquests reptes que hem esmentat: l'enginyeria de teixits i la medicina regenerativa. Formulat d'una altra manera: és possible generar òrgans al laboratori? Com diu aquell famós periodista de crònica negra, posem llum a la foscor.

L'enginyeria de teixits i la medicina regenerativa

Un òrgan és un conjunt de teixits que, agrupats, fan unes funcions determinades. Cada teixit està caracteritzat per un o diversos tipus de cèl·lules que estan altament organitzades, fan una funció comuna i tenen el seu propi entorn, l'anomenada matriu extracel·lular. Així, un òrgan pot estar format per diversos teixits, i cada teixit, per uns quants tipus de cèl·lules. Aquesta jerarquia estructural fa que cada òrgan sigui diferent i tingui les seves propietats. Per exemple, el múscul necessita estar molt alineat per poder contraure's correctament, però aquesta no és una propietat rellevant per al ronyó o per al pàncrees.

La finalitat de l'enginyeria de teixits és generar òrgans al laboratori per estudiar-los. Simular com es desenvolupa un òrgan durant la gestació, estudiar com interactuen les cèl·lules que formen un òrgan, replicar com aquest òrgan interactua amb d'altres o com es degeneren a causa de certes malalties en són només alguns exemples. Però no només es poden estudiar, també es poden crear petits pedaços de teixit per trasplantar-los a un pacient i així millorar la seva qualitat de vida. Un exemple amb molt de potencial serien els pedaços de pell o de teixit cardíac. Però encara podem anar una mica més lluny. Imagineu-vos agafar cèl·lules d'un pacient i generar un òrgan genèticament idèntic al seu per estudiar, fora del seu cos, quin tractament li podria funcionar millor. O, per què no?, trasplantar-l'hi per suprimir el mal funcionament d'aquest òrgan. I tot això per a cada pacient individual! Totes aquestes aplicacions potencials podrien solucionar infinitat de problemes, alhora que aporten molts altres beneficis com reduir el testatge amb animals, minimitzar costos i temps per al desenvolupament de nous fàrmacs o reduir el temps d'espera per a certs pacients que necessiten un trasplantament. Les possibilitats són múltiples!

Però parem el carro, que tampoc es tracta de fer volar coloms! Actualment estem bastant lluny de poder crear un òrgan al laboratori. L'enginyeria de teixits té moltes limitacions. Crear un òrgan tan gros com un fetge o un ronyó és molt complicat: el nombre i la varietat de cèl·lules que es necessitarien és extremament alt, i organitzar-les totes perquè facin la seva funció correctament i assegurar-ne la supervivència en entorns no idíl·lics com el laboratori, ara per ara, és impossible. A més, cal recordar que les cèl·lules són éssers vius, i per elles soles són capaces de formar estructures o fer determinades funcions, però també són capaces de fer tot el contrari, actuar anàrquicament o mutar i, al capdavall, no acabar fent la seva funció de manera òptima. I tot això sense tenir en compte que si volem fer òrgans a mida real els caldran venes i artèries, perquè les cèl·lules necessiten nutrients i oxigen per viure, i si no poden obtenir aquests recursos per cap via, moriran i, per tant, el nostre òrgan generat al laboratori no tindrà un final feliç. Tot un món nou que ja s'està estudiant, però que també té els seus grans reptes.

Tot i això, de la mateixa manera que us he dit que encara estem molt lluny de generar un fetge al laboratori, també heu de saber que en els darrers anys s'han fet progressos molt grans en aquest camp. Abans de l'aparició de l'enginyeria de teixits, els cultius cel·lulars, que és com s'anomena la tècnica per poder tenir i estudiar cèl·lules al laboratori, es feien en una placa de vidre o plàstic. Amb aquest mètode les cèl·lules eren capaces d'interactuar entre elles, però formant una estructura que només tenia dues dimensions, és a dir, una fina capa de cèl·lules. Podien relacionar-se amb les seves companyes del costat, però a sota tenien una superfície plana i dura, i a sobre, res de res. Com us podeu imaginar, això no s'assembla ni de lluny a un òrgan. Per solucionar aquesta manca de similitud, els doctors Vacanti i Langer van assolir una fita que no s'havia aconseguit fins llavors i que, podríem dir, va ser l'inici de l'enginyeria de teixits.

Tal com hem comentat, les cèl·lules i els teixits que formen un òrgan tenen la seva matriu extracel·lular, que no només els dota de l'entorn ideal per dur a terme les seves funcions, sinó que també actua com a estructura per poder donar la forma i la consistència que té cada òrgan. El que van fer Vacanti i Langer l'any 1991 va ser cultivar les cèl·lules en un entorn tridimensional. És a dir, donar volum a l'estructura. Aquesta estructura és el que avui en dia s'anomena bastida (*scaffold*, en anglès). I tot i que aquí ens podríem desviar molt del tema, perquè entraríem en el món de la investigació de biomaterials, vegem-ne una pinzellada, ja que aquests dos camps no s'entenen per separat.

Les bastides tenen un paper similar a les seves homòlogues en la construcció. Són l'estructura a partir de la qual es construirà un edifici, o, en el nostre cas, un teixit o un òrgan. La incorporació d'aquestes matrius, o bastides, en el cultiu cel·lular va ser molt important, perquè a partir d'aquell moment es van obrir un munt de possibilitats i ramificacions noves. Aquestes bastides no només doten les cèl·lules de la tridimensionalitat que té un òrgan sinó que també les ajuden a organitzar-se adequadament per poder fer la seva funció, i idealment, a tenir un entorn més similar al que es trobarien a dins del nostre cos. Podríem dir que el seu objectiu és intentar imitar la matriu extracel·lular de cada teixit o òrgan. I aquí és on la investigació en biomaterials agafa una gran rellevància, perquè ni l'organització cel·lular ni les propietats de la matriu extracel·lular són les mateixes en un os que en un múscul, en un ronyó o a la pell. Estem parlant molt de la importància d'aquestes bastides i dels biomaterials, però què són realment?

Els biomaterials tenen la propietat principal de ser biocompatibles, és a dir, que no afecten negativament el comportament de les cèl·lules quan aquestes estan en contacte amb una superfície o un substrat. Aquests biomaterials permeten que les cèl·lules puguin viure-hi, créixer i dividir-se quan estan en contacte amb el substrat. Poden ser d'origen natural, tant animal (els més comuns són el col·lagen o la gelatina) com vegetal (la cel·lulosa o l'alginat), i fins i tot sintètics, com diferents derivats dels plàstics, com ara el polietilenglicol o la policaprolactona. Tanmateix, materials com el titani, del qual estan fets els implants ossis, també són un biomaterial recurrent. I per què tants biomaterials diferents?

Cada biomaterial té unes propietats intrínseques que poden afavorir més o menys el comportament d'unes cèl·lules. Per tant, uns materials afavoreixen més un tipus d'estructures i d'altres, unes de diferents. A més, combinant diferents materials en diferents percentatges, amb diferents tècniques o amb molècules adherides, es poden obtenir una varietat molt elevada de biomaterials. Per no parlar de com es fabriquen les bastides, com se'ls dona la forma que desitgem i les propietats morfològiques adequades. Segur que heu sentit a parlar de la bioimpressió en 3D, oi? Doncs aquest en seria només un petit, però molt extens, exemple. Tot això donaria per a un altre capítol, així que ho deixarem aquí. Només cal que penseu en totes les combinacions possibles que es poden fer, i podreu imaginar per què trobar una bastida ideal per a cada teixit o òrgan és un galimaties del qual encara queda molt per descobrir.

Com passa en la investigació, i en la ciència en general, hi ha capes i capes de recerca i temes per tractar, i aquí hi ha un tema que ni tan sols hem tocat (qui ho diria!): les cèl·lules que s'utilitzen. No és el mateix emprar cèl·lules d'origen animal que cèl·lules d'origen humà, com tampoc serà igual utilitzar cèl·lules d'un pacient amb distròfia muscular que d'un pacient sa, o cèl·lules que estan al final del seu cicle de vida, o bé cèl·lules que encara no s'han especialitzat, les famoses cèl·lules mare. En funció de la investigació interessarà fer ús d'unes o unes altres, tot i que les cèl·lules mare són les més comunes gràcies al seu gran potencial d'especialització. Una opció que té molt de pes en investigació és, per exemple, poder agafar cèl·lules mare i que, en funció dels senyals bioquímics del seu entorn, es puguin especialitzar en un tipus cel·lular concret.

Què hem aconseguit avui en dia?

Aquí és on podem fer un punt i a part teòric per explicar alguns exemples aconseguits durant anys d'investigació. S'ha passat de tenir cèl·lules en cultius 2D sobre plàstic a tenir bastides amb formes determinades i amb unes propietats específiques. En aquest punt us convido a agafar un moment el telèfon mòbil i buscar en algun cercador les paraules clau «Vacanti mouse». Sí, en anglès, per allò que la ciència és tan internacional que tot es fa en anglès. En català també ho podeu provar, però potser us emportareu la inesperada sorpresa que hi ha molt poca cosa i la majoria de resultats us redirigeixen a altres idiomes. Però en fi, què sabrem nosaltres sobre la importància de fer ciència i divulgació científica en la nostra llengua. Tornem a la rata, que si no m'altero. L'heu buscada, ja?

Doncs, per molt fastigós que pugui semblar, aquesta imatge és una de les fites més importants del camp que ens ocupa. Una bastida amb forma d'orella, cultivada amb cèl·lules de cartílag i trasplantada a una rata de laboratori. Òbviament, aquesta orella no és funcional, al ratolí no li serveix per sentir-hi, però va ser una de les primeres vegades que es va poder generar i trasplantar un teixit a un altre ésser viu i, el més rellevant, sense que generés cap mena de rebuig maliciós.

La segona fita a destacar la va dur a terme l'equip investigador del doctor Atala l'any 2006, quan va aconseguir generar una bufeta al laboratori a partir d'una bastida natural i trasplantar-la a pacients per millorar la seva qualitat de vida (Atala, 2006). En aquest cas, la bastida provenia d'una bufeta d'un donant, a la qual li van treure les cèl·lules i la van colonitzar amb les cèl·lules del pacient. Així, pràcticament es disminuïa el potencial rebuig i es podia generar una bufeta pràcticament idèntica a la que tenia el pacient, però sana.

Què tenen en comú aquestes dues fites? Que es tracta de la generació d'òrgans molt senzills. Com us podeu imaginar, una orella o una bufeta no tenen gaire en comú amb un cor. L'estructura de l'orella és pràcticament cartílag, i la bufeta és un òrgan relativament senzill, amb una funció simple i format per la combinació de dos tipus de teixits principals, el teixit muscular i el teixit epitelial.

Quan parlem d'òrgans més complexos és quan arriben les limitacions a les quals ens hem referit al principi. Generar òrgans grossos o complexos al laboratori, ara per ara, no és possible. El que sí que es pot fer al laboratori és estudiar teixits individuals o generar òrgans petits capaços de dur a terme les mateixes funcions que fa un òrgan original, però de manera simplificada. Aquests miniòrgans s'anomenen organoides. Al cap i a la fi, un organoide és un conjunt de cèl·lules o teixits que són capaços d'organitzar-se, madurar i fer les funcions fisiològiques que faria l'homòleg gros. És a dir, acaben sent ronyons, cervells, músculs o fetges, però diminuts, de pocs mil·límetres, però funcionals. I tot això gràcies a les tècniques i els processos que hem anat veient durant el capítol! No us penseu que tanta xerrameca no porta enlloc.

Si torneu a agafar l'aparell telefònic 5G que segur que teniu al costat, perquè ja heu buscat la ratota orelluda, us incito a buscar «organoide» al cercador d'imatges, i podreu veure i gaudir de la quantitat d'imatges diferents que hi ha actualment. Aquí és divertit perquè la cerca general la podeu fer en català, ja que hi ha grups de recerca a casa nostra que estudien aquest camp. Bé, i perquè s'escriu igual que en la llengua veïna. O també podeu buscar «organoid», que és el nom en anglès i, per tant, de la ciència. Podeu provar de buscar organoides de ronyó, pàncrees, intestí o cervell i veureu imatges i estudis genials. De fet, sense anar més lluny, ni de temps ni de localització, trobareu estudis científics que expliquen com es van utilitzar organoides per entendre millor la seva interacció amb la covid-19. Però quan acabeu de buscar torneu, eh, que encara ens queda una mica de capítol... Bé, de fet us queda la major part del llibre!

Com us podeu imaginar, aquests organoides no estan fets per ser trasplantats a humans, sinó que serveixen per a moltes altres aplicacions, com l'estudi del desenvolupament, l'estudi de malalties o el testatge de fàrmacs: aplicacions menys vistoses que el trasplantament, però igual d'útils i importants en un futur. Ja hem aconseguit trencar la barrera de generar un òrgan funcional al laboratori. Ara toca explorar i crear branques i ramificacions per explorar tot aquest camp que, avui dia i científicament parlant, encara és molt jove.

Quan les coses no es fan bé: la història d'un farsant

Com sempre, però, mai no és or tot el que lluu, i igual que les possibilitats i els avenços que s'han dut a terme són impressionants, també tenim històries fosques. Segurament a pocs us sonarà el nom de Paolo Macchiarini, però potser us sona la història d'aquest personatge, perquè va dur a terme part de les seves operacions fraudulentes a Barcelona. Ens hem de situar a l'any 2008, quan Macchiarini va protagonitzar un avenç impressionant en el camp de la medicina regenerativa i l'enginyeria de teixits. Seguint el mètode de la descel·lularització, havia aconseguit trasplantar tràquees generades al laboratori a pacients que en necessitaven. Recordem que aquesta tècnica consisteix a agafar una tràquea d'un donant, treure-li les cèl·lules, repoblar l'estructura amb les cèl·lules del pacient i poder trasplantar-la. Una manera de fer molt similar a la que hem explicat prèviament amb la bufeta del doctor Atala. Si heu llegit amb atenció, segur que sabreu que, al cap i a la fi, una bufeta i una tràquea no són iguals ni tenen les mateixes necessitats. Què va passar? Doncs que les tràquees trasplantades van fallar i van provocar molts problemes als pacients, que van anar des d'una reoperació per extirpar aquest bioimplant fins a la mort.

Però la història d'aquest estafador no es va acabar aquí. Abans que es destapés tot, a Suècia l'any 2010 i en un dels instituts més prestigiosos del món, se li va permetre anar un pas més enllà. Aquesta vegada, en comptes de trasplantar tràquees descel·lularitzades, el que va trasplantar van ser tràquees generades completament al laboratori. Va fabricar una bastida amb forma de tràquea, la va poblar amb cèl·lules del pacient corresponent i les va trasplantar. Aquesta vegada, seguint l'exemple de l'orella de Langer i Vacanti. I les conseqüències van ser molt pitjors. Pràcticament tots els pacients que va operar seguint aquesta tècnica van morir, perquè el bioimplant no tenia les propietats adequades per a una tràquea i va generar moltes complicacions, amb conseqüències fatals. Arran d'això, es va començar a investigar la recerca d'aquest home i es va descobrir el frau de tota la seva carrera. Es va jutjar Macchiarini, i les revistes científiques es van retractar dels seus articles. Uns articles que ara, a posteriori, ens costa de creure com carai es van arribar a publicar, però es va fer, i van desencadenar un conjunt de desgràcies completament evitables.

I la pregunta més important és: com va poder arribar a passar això? Doncs per un conjunt molt gran de males praxis científiques. Macchiarini havia publicat articles molt rellevants ensenyant els avenços que havia fet i, per tant, no hi hauria d'haver hagut cap dubte sobre la seva recerca. Per ser publicables, aquests articles haurien d'haver passat una revisió exhaustiva per assegurar-se que tot estava bé. En aquest punt podem posar en dubte si aquestes revisions es van arribar a fer mai. Arran de les publicacions, la cascada d'esdeveniments, alguns fruit del primer error i d'altres seguint la mala praxi, com les decisions esbiaixades d'alguns comitès ètics, va permetre que aquest senyor dugués a terme aquestes operacions.

És important, però, no fer servir aquest cas per generalitzar: ara tampoc demonitzem completament aquest camp per culpa d'aquesta història. Però de la mateixa manera que moltes vegades s'explica només la part bonica de la ciència, també cal conèixer-ne la part fosca per poder posar en perspectiva tot el que s'ha explicat i ser crítics amb el que es veu o es llegeix a les notícies. La ciència i el sistema científic han evolucionat molt, i sobretot s'ha entès que no es poden fer salts massa grans. La recerca en el camp de l'enginyeria de teixits i la medicina regenerativa continua avançant a un ritme lent però constant. I tenim motiu per ser optimistes. En els últims anys s'han fet avenços impressionants. Potser tardarem encara molts anys a poder generar òrgans complexos al laboratori que siguin trasplantables, però el que sí que és una realitat és que es tracta d'un camp molt jove i amb molt de potencial, tant per diagnosticar com per millorar el tractament d'un pacient o entendre el desenvolupament d'òrgans o malalties.

2

Ja no cal escollir entre lletres o ciències!

Clàudia Ferrer Aumatell

Descobreix com les lletres dicten el món de la genètica i la biologia molecular! L'ADN està format per nucleòtids i conté la informació genètica que ens fa ser com som. Aquesta informació de l'ADN codificada en gens es transcriu a l'ARN missatger. Finalment, l'ARN missatger la passa a les proteïnes, unes estructures complexes que ens fan funcionar. Aquest flux de l'ADN fins a la proteïna s'anomena dogma central de la biologia molecular i ens ha fet entendre que l'ADN és l'origen de la funcionalitat del nostre cos. Però com tot a la vida, també presenta excepcions!

Sempre s'atribueixen «les lletres» a la literatura, la filosofia, la història, les humanitats o, en general, aquelles disciplines directament relacionades amb l'escriptura i la lectura. Però t'he de dir que, per a bé o per a mal, de lletres se'n troben a tot arreu, fins i tot en disciplines tan numèriques com les matemàtiques!

En aquest capítol, però, no et parlaré de les lletres en les matemàtiques —això ja ho explicarem al pròxim capítol—, sinó que et demostraré com la genètica fa servir lletres per designar-ho quasi tot. I no tan sols això, també t'endinsaré en el que va suposar el gran dogma de la biologia molecular. Som-hi!

L'ADN també pot arribar a la Lluna, i unes quantes vegades!

Des dels organoides, dels quals ja hem parlat al capítol 1, fins al teu animal de companyia, tots presenten informació que els fa ser i funcionar com toca. Aquesta informació es troba dins de cada cèl·lula, i en el cas dels animals, plantes i fongs, dins del nucli cel·lular.

La informació està xifrada en lletres, específicament en quatre: la A, la T, la C i la G. Ja et pots imaginar que, segons quines combinacions de lletres fem, la informació resultant variarà.

Realment, no t'he dit tota la veritat, perquè la A, la T, la C i la G no són lletres com a tal, sinó que són l'abreviació d'adenina, timina, citosina i guanina. Aquests quatre elements s'anomenen nucleòtids i són les unitats estructurals bàsiques que componen les cadenes de l'àcid desoxiribonucleic, que segurament coneixes amb el nom d'ADN. És possible que et vingui al cap una estructura de doble hèlix, i efectivament és així. Les cadenes d'ADN es troben sempre aparellades en forma d'hèlix, i per cada cèl·lula humana tenim 46 parells de cadenes d'ADN, és a dir, una parella per cada cromosoma.

Potser ja t'has imaginat que aquestes cadenes no deuen ser pas curtes, ja que els éssers vius som força complexos. Diferents estudis demostren que l'ADN humà només d'una cèl·lula pot arribar a dos metres. Això vol dir que, si tenim 37 trilions (37.000.000.000.000!) de cèl·lules, l'ADN total del nostre cos podria fer uns 150.000 viatges d'anada i tornada a la Lluna!

I com ens ho fem per guardar tanta quantitat d'informació al cos? Doncs com faríem amb una cadena ben llarga: l'aniríem enrotllant. Tanmateix, l'ADN no s'empaqueta només amb ell mateix, sinó que l'ajuden unes altres molècules que anomenem histones. Les histones no estan fetes de nucleòtids, sinó que són proteïnes. Ja en parlarem més endavant! Com que l'ADN és una molècula amb càrrega negativa i les histones presenten càrrega positiva, la cadena d'ADN es pot comprimir molt millor al voltant d'aquestes, perquè les càrregues s'atrauran.

La forma màxima d'empaquetament de l'ADN és el cromosoma, estructura que trobem quan les cèl·lules es divideixen, majoritàriament per practicitat. Si has de moure una cadena ben llarga, és millor fer-ho tota empaquetada (encara que també pesarà molt més, no?) que no pas desplegada i mal entortolligada.

No obstant això, l'ADN no sempre està del tot empaquetat en forma de cromosoma, perquè, si no, no podria transmetre la seva informació! És com si tinguessis un llibre estampit en un prestatge: oi que no el podries treure? Doncs és el mateix cas. La majoria de vegades el trobem en una forma intermèdia d'empaquetament anomenada cromatina.

A més, cal destacar que l'empaquetament al llarg de les cadenes d'ADN pot variar segons diversos factors, un del quals és el tipus cel·lular. Per exemple, les neurones tindran més desplegades les zones de l'ADN relacionades amb la sinapsi i el transport de molècules, mentre que les cèl·lules dels músculs tindran més desempaquetades les zones relacionades amb el consum de glúcids. Però què hi trobem, en aquestes zones? Vegem-ho!

El 2%

L'ADN presenta generalment dues grans zones que de manera molt general podem classificar com a codificants i no codificants. Les àrees codificants són aquelles que generen proteïnes, mentre que les no codificants tenen una funció generalment reguladora. Ens centrarem en les codificants, les més conegudes, encara que només constitueixen un 2 % de l'ADN total!

L'ADN codificant és aquell que conté els gens, que són unitats que emmagatzemen una informació específica. Cadascun d'aquests gens conté informació per construir proteïnes, un altre tipus de molècules diferent de l'ADN. Les proteïnes s'encarreguen generalment de fer funcionar el nostre cos.

Els humans tenim aproximadament 40.000 gens, i ja et pots imaginar que cada gen codifica per a una proteïna concreta. Per exemple, el gen *LCT* codifica per a la lactasa, una proteïna encarregada de trencar la lactosa, un dels sucres o glúcids de la llet.

Les proteïnes poden fer moltes funcions diferents. Poden transportar molècules d'una banda a l'altra de la cèl·lula, poden actuar com a defensa contra virus i bacteris, ajuden a la contracció dels teixits o bé acceleren les reaccions químiques del cos. Aquest últim grup de proteïnes l'anomenem enzims, i la lactasa en seria un exemple.

Els enzims són proteïnes que faciliten les reaccions químiques del nostre cos rebaixant l'energia necessària per dur-les a terme. Imagina't que tens una barra de ferro i l'has de doblegar amb les mans. Segur que et costarà molt. Però si et dic que disposes d'un bufador que emet flama, el procés se't facilitarà força. Doncs t'has d'imaginar el nostre cos ple de petits bufadors —enzims— que ajuden a fer les reaccions químiques.

L'intermediari: l'ARN

Però espera't. Com una cadena de nucleòtids quasi purament informativa passa a ser una proteïna amb una funció concreta? És a dir, com passa el gen *LCT* a ser la lactasa? D'entrada, sembla una pregunta complicada, perquè vol dir que la informació de l'ADN codificada per les quatre lletres A, T, C i G passarà a ser una estructura funcional força complexa.

Doncs cal introduir un tercer personatge en aquesta aventura, que anomenem àcid ribonucleic —ARN per als amics—. Ja et deus haver adonat que aquest personatge ha de ser força semblant a l'ADN. És així, perquè l'ARN també és una cadena formada per quatre tipus de nucleòtids, però en aquest cas són l'adenina (A), la citosina (C), la guanina (G) i, en comptes de timina, hi trobem uracil (U).

D'ARN en trobem de diferents tipus, però ens centrarem majoritàriament en l'ARN missatger (ARNm), que és el que està relacionat directament amb la conversió gen-proteïna. L'ARNm es produeix a partir de l'ADN, de la mateixa manera que si estampéssim un escrit en tinta en un paper, però totes les «T» s'haurien d'intercanviar per «U». El pas d'ADN a ARN s'anomena transcripció.

Els ARNm no són tan llargs com l'ADN, perquè aquest últim s'ha de moure del nucli al citosol per transportar la informació del gen que més endavant generarà una proteïna. Un cop l'ARNm s'ha format al nucli, s'ha de protegir bé. Per això al principi de la cadena i al final se li afegeixen diferents nucleòtids modificats que el reforcen contra aquesta degradació.

El citosol de les cèl·lules és el medi on majoritàriament es duen a terme les funcions: es degraden els nutrients, i hi ha uns enzims que degraden l'ADN i l'ARN que no coneixen, com per exemple el que probablement ve de virus. És per això que l'ARNm s'ha de protegir bé, per indicar que no és perillós per a la cèl·lula.

Anem a la fàbrica de proteïnes

Un cop l'ARNm és al citosol, es dirigirà cap als ribosomes, les petites fàbriques que convertiran les cadenes d'ARN en cadenes de proteïna. Tot i que els ribosomes més aviat són traductors, perquè tradueixen els nucleòtids de l'ARNm a aminoàcids, les unitats elementals d'una proteïna.

Les proteïnes poden ser força complexes: presenten una estructura construïda per una combinació de fins a vint-i-dos aminoàcids! Aquests aminoàcids formen cadenes que es poden arreplegar de mil i una maneres. A més, es poden unir en diferents subunitats que poden ser iguals o diferents entre elles, com l'hemoglobina, la proteïna que transporta l'oxigen en la sang i que presenta quatre subunitats proteiques.

La traducció de nucleòtids a proteïnes es fa de la manera següent: cada tres nucleòtids —que anomenem codó— equivaldrà a un aminoàcid concret. Per exemple, el codó AUG, format per adenina, uracil i guanina, correspondrà a l'aminoàcid metionina, mentre que els codons AGA i AGG corresponen a l'arginina. I sí, fins a quatre codons diferents poden equivaler a un mateix aminoàcid.

L'ARNm va entrant dins el ribosoma, que el va llegint. Simultàniament, el ribosoma va encadenant aminoàcids que esdevindran una nova proteïna. Per indicar al ribosoma que la cadena d'aminoàcids s'ha acabat, l'ARNm presenta els codons UAA, UAG o UGA, que no equivalen a cap aminoàcid sinó a «stop». Aleshores la proteïna es desfà del ribosoma i... *voilà*!

Un gran descobriment... amb moltes excepcions!

Aquest flux unidireccional d'informació d'ADN, passant per ARN fins a arribar a proteïna, el va descriure Francis Crick l'any 1957 i l'anomenem el dogma central de la biologia molecular. És un principi inqüestionablement veritable —així és com es defineix un dogma— que ens descriu el flux d'informació de la informació genètica en un sistema biològic. Aquest dogma ens ha permès entendre com funcionem des d'un nivell purament genètic fins a la fisiologia general de cadascú. Però com a tot a la vida, sempre hi ha excepcions!

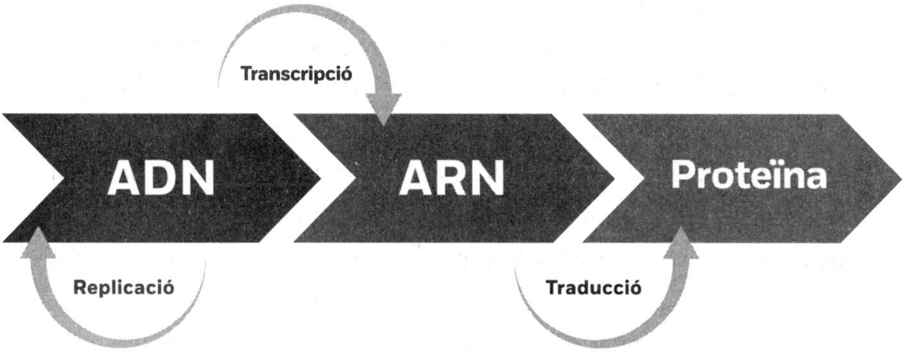

Fins al 1970 es creia que la informació genètica fluïa només en la direcció que t'he explicat. Però amb els avenços en enginyeria genètica i l'estudi de virus es va descobrir que hi ha virus, com el de la sida, que presentaven uns enzims anomenats retrotranscriptases que podien passar l'ARN a ADN i trencar, doncs, la unidireccionalitat d'aquest procés. A més, s'ha descobert que, en condicions artificials, es poden sintetitzar proteïnes només llegint l'ADN. És a dir, l'ARNm quedaria fora del flux en aquest cas!

Més enllà dels gens

Com veuràs més endavant, la biologia és molt més complexa del que et puc explicar en aquest capítol. En aquest cas, només he mencionat una part del que passa amb el 2 % de l'ADN. Però dins d'aquest 2 % encara queden moltes més lletres per desxifrar, com per exemple les errates de la maquinària cel·lular i les seves conseqüències, una de les quals el càncer, del qual parlarem més endavant. Per altra banda, també som capaços de modificar l'ADN de manera avantatjosa per crear aliments transgènics. D'aquests últims en parlarem d'aquí a dos capítols.

Fora d'aquest 2 %, encara queden força misteris en el 98 % d'ADN no codificant. Trobarem algun dia el codi que ens desxifri tot aquest entramat de lletres sense sentit? Descobrirem moltes més excepcions del dogma central de la biologia molecular? Com tot, és qüestió de temps, però seran dies, setmanes, anys, mil·lennis?! Descobrim-ho al capítol següent!

3

Les matemàtiques i el temps

Quim Frigola Casals

Les matemàtiques són per tot arreu. Utilitzant-les, doncs, podem descriure molts fenòmens de la vida diària. En aquest capítol veurem com, a través de les matemàtiques, podem estudiar tot de sistemes que varien en el temps: des de meteorologia fins a l'evolució d'una epidèmia, passant per poblacions de conills. Veurem que podem descriure'ls usant dos models diferents: discrets, és a dir, amb intervals de temps fixats, o continus. També veurem que no sempre podem trobar una solució als nostres models, ens caldrà intuir-la! Finalment, ens endinsarem en l'apassionant món del caos.

Als humans sempre ens ha agradat saber què passarà. Volem predir, descriure, estudiar i quantificar el que ens envolta. Així, al llarg de la història hem anat desenvolupant tècniques per poder analitzar aquests fenòmens. Quan tornarà a aparèixer la lluna? Demà plourà o farà sol? Com evolucionarà l'economia?

Al capítol anterior us explicàvem que encara queda molt per descobrir de l'ADN. Podem predir, utilitzant les matemàtiques, com s'ha evolucionat per descobrir d'on surt tot aquest ADN no codificant? ¿Som capaços de trobar i, sobretot, resoldre un model que descrigui com es transmet la informació genètica a través del temps i que ens pugui ajudar a abordar la pregunta que us plantejàvem al darrer capítol?

Les diferents ciències han abordat aquests problemes des de diferents perspectives, i una bona manera de fer-ho és usant les matemàtiques. Les matemàtiques ens proporcionen eines molt precises per descriure tots aquests fenòmens i preveure com evolucionaran. Ens trobem dins d'una gran branca de les matemàtiques aplicades: els sistemes dinàmics.

Als que estudiem matemàtiques ens agrada definir-ho tot amb un gran rigor. Això no obstant, el concepte de sistema dinàmic és tan ampli que costa definir-lo amb precisió. La definició més senzilla d'un sistema dinàmic és: tot aquell sistema que varia d'estat en el temps. Tots els exemples que hem exposat —els cossos celestes, la meteorologia, l'economia, els processos biològics— es corresponen a aquesta definició.

La idea que tenim és molt senzilla: volem traduir el problema a les matemàtiques i després calcular com es comportarà el sistema a mesura que avanci el temps. Això és fàcil de dir, però no tan fàcil de fer! Anem a pams.

Abans de començar, però, per què volem fer-ho? Doncs perquè és molt útil! Penseu en la pandèmia: tots vam veure que utilitzant models matemàtics podíem predir amb molta precisió si la setmana següent hi hauria més casos o menys i així prendre decisions. Com veurem, aquest enfocament és útil en pràcticament tots els sistemes que som capaços de descriure!

Traduint el problema

El primer pas és, doncs, traduir qualsevol d'aquests exemples en expressions matemàtiques. Això bàsicament consisteix a buscar un model matemàtic que sigui prou realista. En aquest sentit, trobem dos grans tipus de sistemes dinàmics.

Els primers descriuen la realitat amb un temps discret. És a dir, partint d'un inici, ens retornen com estarà el model passat un interval de temps: un any, un dia, un segon, el que vulguem, però no descriuen el model entremig dels dos instants de temps.

El segon tipus són els que consideren el temps continu, és a dir, que descriuen el que passarà en qualsevol temps futur. Els resultats matemàtics que es desprenen de l'estudi dels dos tipus de sistemes dinàmics són molt semblants. Això no obstant, contràriament al que ens diu la intuïció, és molt més senzill analitzar els sistemes continus que els discrets.

Els conills de Fibonacci

Un sistema discret molt famós són els conills de Fibonacci, estudiat per Leonardo de Pisa, més conegut com a Leonardo Fibonacci. Aquest matemàtic italià es va veure en el repte d'intentar calcular el nombre de conills en un ecosistema passat un cert temps. Malgrat que el model —la traducció a les matemàtiques— que va fer era poc realista biològicament, ens serveix per aproximar-nos al que ens referim.

Fibonacci va considerar que teníem la situació següent: al principi del primer mes del nostre estudi col·loquem una parella de conills nounats al camp. Suposem que els conills no es moren mai i que es reprodueixen cada final de mes. A més, no es començaran a reproduir fins al final del seu segon mes de vida. Finalment, cada parella de conills tindrà, de descendència, una altra parella de conills.

Mirem com es tradueix això en la població de conills:

1. Al primer mes només tenim la parella original de conills.
2. Al segon mes, com que encara no s'han pogut reproduir, tindrem de nou només la primera parella original.
3. Al tercer mes la parella original ja s'haurà reproduït i, per tant, tindrem dues parelles de conills: l'original i la seva descendència —recordeu que en el model de Fibonacci, cada parella de conills tenia de descendència una altra parella.
4. Al quart mes tindrem que la parella original s'haurà tornat a reproduir, però la segona parella encara no ho haurà pogut fer, perquè només té un mes de vida. Per tant, tindrem tres parelles.
5. Al cinquè mes s'haurà reproduït de nou la primera parella i es podrà reproduir ja la segona parella. En canvi, la ter-

cera encara serà massa petita per reproduir-se. Així tindrem cinc parelles.

Si ens hi fixem, per calcular quantes parelles de conills tindrem al mes següent hem de comptar les parelles que tenim al mes actual i sumar-hi les que naixeran. Com que es reprodueixen totes les parelles que tinguin més d'un mes de vida i tenen de descendència una parella nova, les parelles que naixeran seran les que hi havia al mes anterior.

És a dir, les parelles del mes següent seran la suma de les del mes actual més les del mes anterior. Si escrivim uns quants números d'aquesta seqüència obtenim la famosa seqüència de Fibonacci: 1, 1, 2, 3, 5, 8, 13, 21...

Aquesta seqüència, a part de ser una manera bastant matussera d'estudiar poblacions d'animals, té propietats matemàtiques interessantíssimes amagades. Una té relació amb un dels nombres més coneguts: el nombre auri, aquell nombre que ens dona rectangles harmoniosos i que és molt present en la natura.

La seqüència de Fibonacci porta incorporat en el seu ADN —que em perdonin tots els biòlegs que escriuen en el llibre— aquest nombre. Ho podeu comprovar vosaltres: si dividiu un nombre de la successió entre l'anterior obtindreu una aproximació al nombre d'or. Com més gran sigui el nombre de la seqüència, millor serà aquesta aproximació.

Ara, però, deixem-nos de nombres i tornem als sistemes dinàmics. En aquest cas, hem traduït un problema —estudiar la població de conills— en un model discret: sabem què passarà cada mes, però no podem afinar i dir el dia a dia. Si volem anar a qualsevol interval de temps, farem servir un sistema continu. Mirem quin és l'ingredient principal que necessitem.

Variacions instantànies

Per modelitzar aquest tipus de sistemes utilitzem equacions que varien en el temps. Per això les escriurem en forma de derivades. Una derivada no és més que la variació instantània d'una quantitat respecte a algun paràmetre. En el nostre cas, com dèiem, aquest paràmetre serà el temps. Aquest tipus d'equacions, descrites en derivades, s'anomenen equacions diferencials.

Un exemple molt clar de derivada és la velocitat. Podem calcular la velocitat d'un cotxe dividint la distància que ha recorregut entre el temps que ha necessitat per recórrer-la. Però això serà la velocitat mitjana en tota la distància. Podria ser que en algun moment el cotxe hagi anat una mica més ràpid i després ho hagi compensat anant més lent. Això és el que fan els famosos radars de tram.

Si volem saber la velocitat en un moment concret, com ho hauríem de fer? Podem anar reduint més i més l'interval de temps entre el qual mesurem la distància recorreguda. Al final, en el límit de fer l'interval molt molt petit tindríem la velocitat concreta del cotxe en un instant determinat. Això és el que es descriu amb una derivada: una variació puntual, instantània. En aquest cas, la velocitat mesura com canvia la posició d'un objecte en el temps, és a dir, la velocitat és la derivada de la posició respecte al temps.

Creixement maltusià

Podem descriure molts sistemes amb aquesta idea de derivada, de variació instantània. Així, podem imaginar un model poblacional simple, en què estudiem la població d'una espècie en una zona en funció del temps.

Suposem que aquesta espècie canvia a un cert ritme, que podem anomenar *r*. Aquí ja hi incloem que hi ha una certa reproducció i una certa mortalitat, la nostra *r* inclou tots aquests fenòmens. Un possible model seria que el canvi en el nombre d'individus, és a dir, la derivada de la població respecte al temps, és igual a la nostra constant *r* pel nombre d'individus.

El creixement o decreixement del model va lligat al nombre d'individus que hi ha i depèn d'una certa taxa. Això té molt de sentit: si hi ha més individus, es reprodueixen més i, per tant, el creixement serà més gran. A més, ja veiem que el paràmetre *r* tindrà molta influència en el nostre sistema. Si aquesta taxa és positiva, la població creixerà, mentre que si és negativa, la població decreixerà. Finalment, si la taxa de canvi és zero, la població es mantindrà constant —voldria dir que moren tants individus com en neixen.

Evidentment, no és un model realista, en aquest cas la població creixeria indeterminadament. Podem modificar aquesta traducció que hem fet perquè tingui una capacitat límit, una mida de la població que no es pot sobrepassar. Això podria ser perquè ja no hi ha més espai o més aliment.

Models com aquests són extremament útils: durant tota la pandèmia de la covid-19 se'n van utilitzar per poder predir com evolucionaria el nombre d'infectats de la malaltia. En aquest cas i en molts altres, les matemàtiques són una eina útil per poder estimar com es comportarà un sistema. Així i tot, no sempre és fàcil estudiar aquests models.

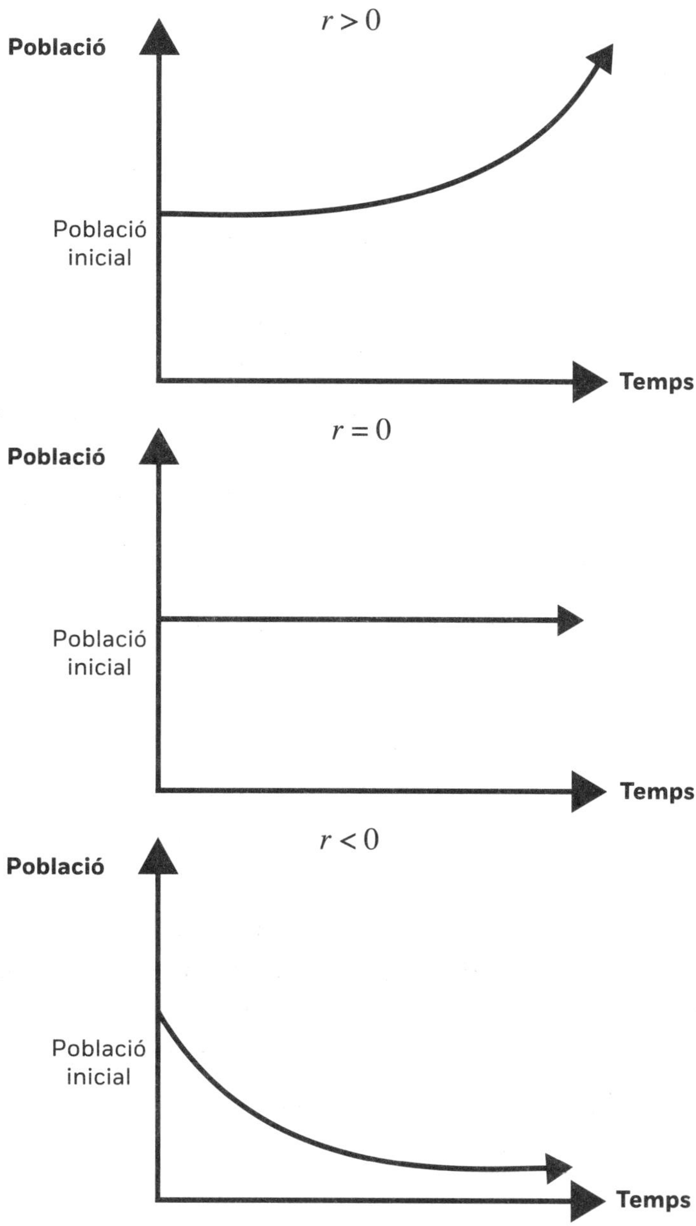

Quan la taxa de creixement de la població és positiva, $r>0$, aquesta població creix descontroladament; si és negativa, $r<0$, decreix cap a zero individus, i si és zero, $r=0$, la població es manté constant.

Estudiant el model

Un cop tenim el problema traduït a les matemàtiques, és a dir, hem creat aquest model simplificat de la realitat amb equacions, cal estudiar i, d'alguna manera, resoldre totes aquestes expressions.

Presa i depredador

Pensem ara que tenim dues espècies, una d'ovelles i l'altra de llops. Podem descriure la dinàmica de les poblacions —com evolucionarà el nombre d'individus en el temps— utilitzant algun model matemàtic.

Tenim un problema! En models no massa complicats les equacions que descriuen el nombre d'animals d'aquestes espècies es fan impossibles de resoldre. Això vol dir que no tindrem una expressió que ens digui que quan hagin passat 40 dies —per exemple— tindrem 200 ovelles i 30 llops.

En aquests casos què podem fer? Hi ha una primera solució que consisteix a aproximar la solució. Fent servir eines de càlcul, trobar una solució prou propera a la real. Això se sol fer amb ordinadors potents.

Un problema que habitualment cal resoldre d'aquesta manera és el dels tres cossos. En aquest cas descrivim el moviment de tres cossos celestes, com podrien ser planetes o, per exemple, la Lluna, la Terra i un coet. En aquest darrer cas, necessitem saber exactament la trajectòria del coet per poder calcular el combustible que necessitarà o el rumb que haurà de prendre per aterrar on volem. Així, fem servir ordinadors per resoldre aproximadament les equacions que governen el seu moviment.

L'altra manera d'estudiar aquests sistemes és tenint un enfocament qualitatiu en lloc de quantitatiu: potser la idea de calcular totes les trajectòries amb precisió ens supera, però no sempre és necessari per descobrir tot allò que amaguen les equacions. En aquest cas, el que fem és mirar cap on aniran les solucions. Això ens serveix per tenir una idea intuïtiva de com es comportarà el sistema.

Per fer-ho estudiarem uns punts molt singulars: els punts on la derivada és zero. Aquests punts són molt especials perquè, si ens hi trobem, el sistema no variarà, es quedarà fix. Pensem-hi: si no hi ha una variació instantània —és a dir, la derivada és zero—, vol dir que el sistema no varia en el temps. Per això es diuen punts d'equilibri.

Així, per exemple, si la població que descrivíem abans es troba en un d'aquests punts, vol dir que la derivada —la variació— de la població respecte al temps és zero, és a dir, la població es mantindrà igual, constant.

Mirem dibuixos

Aquests punts tenen una propietat molt especial que els fa útils per al nostre estudi qualitatiu. Al seu voltant les solucions o trajectòries es comporten —en quasi tots els casos— de manera equivalent al que anomenem «sistema linealitzat». Aquest nou sistema és una simplificació molt forta de l'original i té l'avantatge que es pot resoldre perfectament. Així, al voltant d'aquests punts especials podrem descriure com es comportaran les solucions.

El procediment és el següent: primer estudiem quins són els punts d'equilibri. Després mirem com es comporta el sistema lineal al voltant d'aquests punts. Ara ja podem pintar les trajectòries al voltant d'aquests punts.

En el cas dels tres cossos, les trajectòries seran els possibles recorreguts que faran el nostre coet i els planetes per l'espai. Quin recorregut acabi fent el coet entre els possibles dependrà del seu punt inicial.

Finalment, connectem els dibuixos que hem fet al voltant dels punts d'equilibri. Això darrer, però, ho hem de fer amb cura!

Caos!

I el caos, quina relació té amb tot plegat? Quan, parlant quotidianament, diem caos, el relacionem amb el desordre, amb allò que no podem controlar. En matemàtiques, això només és una de les conseqüències del caos, perquè som capaços d'entendre'l i descriure'l.

Diem que un sistema dinàmic és caòtic quan té molta sensibilitat a les condicions inicials. És a dir, les equacions prediuen un comportament molt diferent per a punts inicials molt propers. Per exemple, el pèndol doble —dos pèndols enganxats— es pot descriure perfectament utilitzant dues equacions. Això no obstant, la predicció del seu moviment que fan les equacions si el llancem des d'un cert angle és molt diferent de si el llancem variant poquíssim l'angle —tan poc com seria variar-lo a nivell del 5è decimal, per exemple!

Aquest fet es dona en molts sistemes dinàmics, com per exemple en la meteorologia. És el famós efecte papallona. Les equacions que ens permeten saber quin temps farà en una setmana són caòtiques, i només canviant un decimal de la temperatura registrada en un dels observatoris ens poden indicar tant que plourà com que farà sol.

Un dels problemes que afegeix el caos és que connectar els dibuixos deixa de ser fàcil, perquè pel mig hi haurà comportaments estranys. A més, hi ha alguns punts d'equilibri que se'ns escapen de l'estudi que hem fet abans —és aquell «en quasi tots els casos» anterior que hem escombrat sota la catifa—. Aquests punts traïdors poden arribar a portar a situacions caòtiques!

En sistemes continus, quan només estudiem dues característiques —per exemple, el cas de les ovelles i els llops—, tenim un teorema important que ens diu que no hi haurà caos. Així, podrem fer el dibuix complet fàcilment. Això, però, és degut al fet que les trajectòries d'aquests sistemes són també contínues. Si mirem sistemes discrets —com el cas dels conills de Fibonacci—, podem tenir sistemes molt caòtics ja en dues variables!

Si ens hi esforcem prou, tot ho podem descriure amb les matemàtiques!

En aquest capítol hem vist que les matemàtiques són una eina potentíssima per estudiar tota mena de sistemes. En concret, ens hem centrat en sistemes que varien en el temps. Així, amb una equació podem descriure i modelitzar pràcticament qualsevol cosa. Hem vist el cas de poblacions i el cas dels planetes, però n'hi ha tants com se'ns acudeixin.

Un darrer exemple que se'ns pot acudir seria estudiar com muta l'ADN. Sabem que ho fa a mesura que va passant el temps. Hi ha models matemàtics que descriuen aquestes mutacions i que ens ajuden a predir-les. Anant més enllà, ens podrien ajudar a fer les prediccions nosaltres mateixos. Així, parlant de matemàtiques acabaríem parlant de transgènics. Això, però, ho deixo per al pròxim capítol.

4

Un futur d'aliments transgènics?

Pau Clavell Revelles

El desenvolupament de l'enginyeria genètica ha permès introduir gens d'una espècie a una altra per crear els famosos transgènics. L'aplicació d'aquesta tecnologia en plantes està aconseguint millorar la productivitat i reduir les pèrdues agrícoles fent-les resistents a depredadors, malalties i herbicides. Actualment, transgènics com el de blat de moro representen parts molt importants de tota la superfície cultivada en països com els Estats Units i Espanya, i cada vegada són més abundants. En un futur marcat pel canvi climàtic i un gran creixement de la població mundial, aquesta tecnologia pot tenir un paper clau per garantir la nostra supervivència. Per això cal destapar quines estratègies utilitzen aquests organismes modificats genèticament per defensar-se dels insectes, bacteris i virus, per tolerar la sequera o els herbicides, i per tenir una millor qualitat nutricional. Com tot progrés cientificotècnic, els cultius transgènics presenten nous riscos i perills que cal avaluar per actuar amb prudència i seguretat. Sigui com sigui, aquests cultius tan especials s'estan obrint pas ràpidament en l'agricultura mundial.

Quin diries que és el llegat més important de la humanitat? No cal que vagis a buscar-lo a un museu ni a un jaciment arqueològic, perquè el pots trobar a casa teva. El teu gos, la bufanda de llana que et va teixir l'àvia i el pa amb tomàquet que has endrapat per esmorzar tenen la resposta. I és que ni el gos, ni l'ovella, ni el blat, ni la tomaquera existirien tal com els coneixem avui dia si no fos pel procés de domesticació que van fer els nostres avantpassats. Tots ells són el resultat de segles i segles de seleccionar les característiques més interessants de cada espècie salvatge per obtenir més i millors aliments i matèries primeres.

Sense saber-ho, hem estat mil·lennis escollint gens d'una manera indirecta, uns gens que fan que un tomàquet sigui més gros i saborós o que un gos sigui més obedient. En el fons, hem fet el mateix que fa l'evolució a la natura, però per satisfer les nostres necessitats i voluntats, i per això es coneix aquest procés com a selecció artificial.

Aquesta selecció artificial és interessantíssima, però és lenta i, a més de diverses dificultats que la fan més complexa del que sembla, té un factor limitant tan important com evident: no pots seleccionar allò que no existeix a la natura. Dit amb altres paraules, per aconseguir una varietat de blat que sigui resistent a un fong que l'ataca, primer cal trobar alguna planta de blat que el resisteixi, encara que només sigui una mica més que les altres.

Els organismes modificats genèticament i els transgènics

Afortunadament, durant els darrers cent anys hem après tantes coses de les cèl·lules, del seu funcionament i de la seva genètica a nivell molecular que ara som capaços de manipular directament els gens de pràcticament qualsevol espècie. Aquesta enginyeria genètica ens permet canviar, afegir i treure fragments d'ADN, que és el material amb la informació genètica, per crear els famosos organismes modificats genèticament (OMG). Aquesta tecnologia ens obre tot un món de possibilitats lliure de les limitacions de la selecció artificial, però amb nous riscos i polèmiques que discutirem en aquest capítol.

Actualment, bacteris, fongs, plantes i animals ja es modifiquen genèticament de manera habitual en laboratoris d'investigació d'arreu per continuar responent incògnites de la nostra biologia. Per exemple, una pregunta tan aparentment bàsica com «Què fa aquest gen de mosca?» es pot començar a respondre creant una mosca modificada genèticament per eliminar-li el gen que ens interessa. Si les larves d'aquestes mosques no surten de l'ou, sabrem que el gen participa en algun procés fonamental, com a mínim durant el desenvolupament embrionari.

Aquest és només un cas concret, però les possibles modificacions que podem fer a l'ADN són moltes i van des de petits canvis en un gen fins a la introducció de gens sencers d'altres espècies, que anomenem transgens —i, per extensió, de l'organisme modificat genèticament per contenir-lo en diem transgènic—. Un exemple molt visual dels transgènics són els GloFish®, uns peixos als quals els van afegir gens de medusa i corall perquè fossin fluorescents sota llum blanca o blava. De fet, són un dels primers organismes modificats genèticament que s'han comercialitzat per al públic general.

Aquests peixets representen la punta de l'iceberg, són una gran atracció però no acaben de mostrar l'impacte que l'enginyeria genètica i els transgènics poden tenir en la nostra vida. En un context de canvi climàtic, juntament amb un augment de la població mundial que s'estima que arribarà als 9,8 mil milions de cara al 2050, una de les aplicacions més interessants dels transgènics és combatre la fam i la desnutrició. Gràcies al desenvolupament de transgènics a partir dels cultius actuals podrem millorar-ne la productivitat, el valor nutricional i la resistència contra malalties, insectes i climes extrems. En definitiva, els cultius transgènics poden ser claus per garantir la seguretat alimentària en un futur proper.

Encara que semblin una novetat, els transgènics ja tenen un cert recorregut. El primer cultiu transgènic es va desenvolupar a principis dels anys vuitanta a partir de la planta del tabac i el primer que es va comercialitzar va ser un tomàquet transgènic el 1994 als Estats Units. Seria sorprenent que el primer a desenvolupar-se fos del tabac, sinó fos perquè històricament ha estat molt accessible i té moltes característiques que han facilitat l'estudi de la seva genètica. Però per què podem anomenar-lo transgènic? Simplement perquè se li va afegir un gen provinent d'un bacteri per convertir el tabac en resistent a un antibiòtic. Això va ser una gran fita tecnològica, perquè, per primera vegada, es va aconseguir fer una planta transgènica.

Preparats per defensar les plantes d'infeccions de virus i bacteris

Aquest va ser el primer tret de sortida per a la creació d'una gran varietat de cultius transgènics amb l'objectiu d'afrontar diferents reptes de l'agricultura, com reduir les pèrdues de producció derivades d'infeccions víriques de les plantes. Això vol dir convertir-les en resistents als virus utilitzant gens que trobem en altres espècies que interfereixen en els processos d'infecció virals. Entre les plantes transgèniques resistents a virus que ja s'han desenvolupat trobem la carabassa, el tomàquet, la papaia, la patata i la pruna.

Tanmateix, no n'hi ha prou amb combatre els virus, perquè es calcula que *només* són responsables de la pèrdua d'un 3 % de les collites, lluny del 15 % de pèrdues que poden arribar a causar els bacteris. Per tant, combatre les infeccions bacterianes que pateixen els cultius és encara més important i això ens planta davant d'un arsenal d'estratègies genètiques construït a partir de la biodiversitat de la mateixa natura.

Hem de pensar que, com nosaltres, qualsevol ésser viu ha de lluitar contra molts altres per afavorir la seva supervivència. A les plantes les ataquen virus, bacteris i fongs i, a més, se les mengen insectes i molts altres animals. I elles no són les úniques amenaçades, els bacteris també s'han de protegir d'altres bacteris, de virus, de fongs i, si són patogènics, també dels mecanismes de defensa dels organismes que infecten.

Com veus, inadvertidament, l'evolució amaga una carrera armamentística que hem après a explotar per generar plantes resistents als bacteris. I sempre ho aconseguim agafant gens de bacteris, fongs, virus, insectes i altres plantes que trobem a la natura. Alguns dels cultius transgènics resistents a bacteris són l'arròs amb gens de resistència provinents del blat de moro, el tomàquet amb gens del pebre i un llarg etcètera. Tots aquests gens ajuden la planta a combatre la infecció i pal·liar les lesions.

El més irònic de tot plegat és que el mètode que més s'utilitza per generar aquestes plantes transgèniques és infectar-les amb bacteris del gènere *Agrobacterium.* Aquests bacteris fan de repartidors, al laboratori se'ls dona un paquet amb l'ADN que volem i ells el transporten fins a les cèl·lules de la planta perquè el puguin fer servir. A la natura, l'*Agrobacterium* també fa de repartidor, però el paquet que entrega provoca tumors a la planta que ell aprofita per viure. Segur que n'has vist en el tronc d'algun arbre!

Els insectes també són un problema

Fins aquí, hem vist algunes de les estratègies per combatre virus i bacteris, però no podem oblidar els insectes, que també suposen una gran amenaça per a molts cultius. Per conferir resistència contra insectes, una de les primeres solucions que es va trobar va ser utilitzar gens de bacteri —qui ho havia de dir, que els bacteris ens arreglarien tants problemes!—. Aquests gens produeixen una molècula que, quan és digerida *pels insectes*, esdevé tòxica i els trenca les cèl·lules dels intestins. Aleshores els sucs gàstrics entren a la sang i acaben morint.

L'eficàcia d'aquesta estratègia s'ha estès àmpliament en cultius com el blat de moro, el cotó, la patata, la soja i el tabac. Per fer-nos una idea del seu abast, a Espanya el 2021 aproximadament el 30 % del blat de moro sembrat era d'aquest tipus i s'utilitza principalment com a aliment per al bestiar o com a matèria primera per a aliments processats. Malgrat que l'Autoritat Europea de Seguretat Alimentària (EFSA) els considera segurs per al consum humà, a la Unió Europea tots aquests aliments han d'estar adequadament etiquetats com a derivats de transgènics. I encara que els mamífers no disposem dels mecanismes per convertir la molècula que contenen aquests transgènics en tòxica, a diferència de les larves d'alguns insectes, la recerca sobre la seva seguretat continua. El mateix 2021, el Parlament Europeu va demanar estudiar-los més a fons per avaluar-ne la seguretat en aspectes que recentment han guanyat importància per a la salut, com és el seu efecte sobre la microbiota intestinal —tot el conjunt de microorganismes que habiten als nostres intestins.

Combinant diferents tipus de resistència

En molts casos el cultiu transgènic en qüestió, a més de ser resistent a certs insectes, és resistent a herbicides, una combinació molt comuna en transgènics. I és que les males herbes, també anomenades herbes adventícies, provoquen més pèrdues en la producció agrícola que la suma dels insectes i les malalties infeccioses de les plantes.

Però per què interessen els cultius resistents a herbicides? Bàsicament, permeten utilitzar herbicides d'ampli espectre, és a dir, que ataquen pràcticament qualsevol planta alterant-ne parts importants del metabolisme. Un dels més usats és el glifosat, que mata gairebé qualsevol herba. Llavors, fumigar un camp amb un cultiu resistent a aquest herbicida aconsegueix que només hi creixi el conreu sense competència de males herbes. Actualment, la seguretat per a la salut d'herbicides com el glifosat està àmpliament qüestionada i, a més, les diferents institucions i agències tenen posicions discrepants. L'aprovació de l'ús del glifosat a la Unió Europea caducava el desembre del 2022, però l'Autoritat Europea de Seguretat Alimentària (EFSA) en va prorrogar l'aprovació fins al desembre del 2023 per tenir marge per obtenir els resultats dels estudis de la seva reavaluació. Sigui com sigui, haurem d'estar atents a l'evolució del cas.

S'acosten climes més extrems, preparem-nos

Com hem vist, ja s'han desenvolupat múltiples transgènics per encarar algunes de les amenaces biològiques que afronten les plantes, però contra les no biològiques o abiòtiques, què s'està fent? Bé, amb això em refereixo sobretot a la disponibilitat d'aigua. El canvi climàtic està alterant la freqüència, la durada i la intensitat de les sequeres i les inundacions. Per tant, cal preparar-se per afrontar-ne de més llargues, més devastadores i més freqüents.

A diferència del tipus de transgènics que hem comentat fins ara, aconseguir que un cultiu sigui més resistent a la sequera o a les inundacions és una tasca molt més complicada. La manca o excés d'aigua afecta el funcionament de la totalitat de la planta i activa tota una sèrie de mecanismes per intentar sobreviure, és a dir, hi ha molts gens en joc. No obstant això, ja s'han aprovat alguns cultius transgènics capaços de suportar millor la sequera, com el blat de moro i la soja, gràcies a gens bacterians que ajuden a estabilitzar certs processos cel·lulars. Per exemple, davant d'una sequera, una planta tendirà a perdre molta aigua i s'acabarà assecant, però gràcies a la transgènesi li podem proporcionar gens que l'ajudin a retenir l'aigua més eficientment.

En la mateixa línia, també s'està treballant en altres alteracions que poden afectar greument la producció agrícola, com els estressos tèrmics, sigui per massa fred o massa calor, i l'augment de la salinitat del sòl.

Tornant a domesticar els conreus

Així doncs, ja hem vist que tenim molts motius i ben diversos per desenvolupar conreus transgènics, i fins i tot hem explorat alguns dels passos, mecanismes i eines per generar-ne. Ara bé, no tot s'acaba afegint gens d'altres espècies, sinó que alterar els mateixos gens que ja té una espècie també pot comportar grans canvis. I per aquest camí van algunes de les investigacions que s'estan fent recentment. Para atenció!

Des de fa dècades la ciència ha anat observant que hi ha espècies salvatges amb virtuts que els seus parents domesticats —els que cultivem— han perdut, com la resistència a la sequera o al fred. Llavors, per què no comencem a cultivar les variants salvatges per aprofitar la seva diversitat genètica? Essencialment, perquè perdríem la mida i la quantitat de producte que ens ofereixen les varietats domesticades actuals, que tenim gràcies a mil·lennis de selecció artificial, siguin hortalisses, cereals o verdures. Aleshores, i si es pogués fer que la variant salvatge fos més profitosa i alhora mantingués totes les seves virtuts, com les resistències? A efectes pràctics estaríem redomesticant el cultiu. I això ja s'ha fet amb la tomaquera! El 2018 es van publicar els resultats de la redomesticació del tomàquet a partir del seu parent salvatge. Amb sis modificacions genètiques van ser capaços d'obtenir deu vegades més tomàquets, el triple de grossos i amb cinc vegades més licopè —una molècula que li aporta molt valor nutricional i que és protectora contra el càncer de pròstata— que en la variant salvatge no modificada. I és que la utilitat de l'enginyeria genètica no es redueix a augmentar la quantitat de producte sinó que també pot millorar-ne la qualitat. Això ens porta a parlar dels transgènics com a eina per augmentar el valor nutricional dels aliments.

Fent cultius de més qualitat per lluitar contra la desnutrició

En els darrers anys la tendència de baixada en nombre de persones que passen fam al món s'ha revertit: entre el 2019 i el 2022 han augmentat en 150 milions. A més de la manca d'aliments, la poca varietat i la deficiència de certs nutrients és un problema que cal solucionar. Un dels casos paradigmàtics és el de l'arròs, un tipus de cultiu que, malgrat ser ric en hidrats de carboni, és pobre en micronutrients, un dels quals és la vitamina A. De fet, es considera que és la deficiència nutricional més prevalent del planeta i suposa un problema de salut pública a més de la meitat de països del món, principalment a l'Àfrica subsahariana i al sud d'Àsia. Els més afectats són els infants, als quals els causa ceguesa, els fa més vulnerables a infeccions i en molts casos els acaba provocant la mort. Per això es va començar a treballar per obtenir un arròs transgènic que contingués vitamina A —o, més aviat, un precursor seu que el nostre cos pot transformar en vitamina A—. Aquest aliment ja existeix i s'anomena arròs daurat, per la seva coloració groga provinent d'aquesta vitamina. Actualment, aquest arròs biofortificat, és a dir, amb un millor valor nutricional, està aprovat a les Filipines, està en tramitació a Bangladesh i agències de seguretat alimentària d'altres països com la FDA dels Estats Units ja el consideren segur per al consum.

L'arròs daurat no és l'únic transgènic d'aquesta mena, també s'han desenvolupat cultius biofortificats en ferro, zinc, iode, calci i vitamina C de moniatos, bananes i blat de moro. Altres exemples són els cultius transgènics amb àcids grassos modificats, per ser més saludables, o amb un contingut més alt de certs aminoàcids. Totes aquestes millores són realment esperançadores perquè cobririen els dèficits nutricionals en micronutrients de les poblacions més desfavorides.

Els beneficis i les amenaces dels transgènics

Les aplicacions dels transgènics encara van més enllà d'augmentar la productivitat, reduir les pèrdues i millorar la qualitat de l'aliment; l'edició genètica amb transgènics també ens permet allargar la vida útil dels fruits i verdures, és a dir, millorar-ne la conservació per garantir-ne la qualitat i el bon estat durant llargs trajectes per fer-los arribar allà on calgui. Però, com ja et deus imaginar, no tot són flors i violes.

Per una banda, els transgènics tenen molts beneficis que poden ser claus per combatre els efectes d'un canvi climàtic i unes perspectives demogràfiques que ja ens avisen que el futur de l'alimentació de la humanitat serà un repte. Amb aquests cultius millorats podrem reduir el consum d'aigua de regadiu, gràcies a cultius tolerants a la sequera; podrem augmentar la productivitat actual reduint les pèrdues que provoquen les inundacions, les temperatures més extremes i tota mena de plagues, des de virus fins a insectes, passant per bacteris i fongs. A més, podrem ajudar a pal·liar la desigualtat econòmica millorant el valor nutricional d'aliments bàsics de primera necessitat, sobretot als països no industrialitzats.

Pel que fa a l'entorn, els cultius resistents a insectes ja han permès una disminució de l'ús de pesticides, que no només eliminen els insectes que es mengen els cultius, sinó que també en maten molts d'altres que no suposen cap amenaça per als conreus. Això també implica un benefici immediat per a la pagesia, que s'estalvia la despesa econòmica de comprar aquests insecticides i s'evita tot l'alliberament de CO_2 provinent de la maquinària utilitzada per fumigar.

Per altra banda, qualsevol desenvolupament tecnològic o científic comporta riscos o efectes secundaris no desitjats. En l'àmbit mediambiental, la resistència als herbicides porta a fer-ne un ús abusiu i, en general, s'ha convertit en l'única estratègia de gestió de males herbes. Així, s'estan contaminant els entorns amb substàncies com el glifosat, que a més de ser tòxic per a la vida aquàtica i bacteriana, ara l'Organització Mundial de la Salut el considera un probable agent cancerigen en humans.

Alerta! Aquí cal fer un incís. En primer lloc, *probable* vol dir que de moment no hi ha cap prova ferma que indiqui que realment provoca càncer més enllà de casos en animals d'experimentació. I, en segon lloc, cal dir que el grup de probables carcinògens també inclou la carn vermella i els horaris laborals que afecten els ritmes circadiaris, per exemple torns nocturns o viatges freqüents a través de diferents fusos horaris. Tanmateix, aquesta incertesa ens aboca a la prudència.

Tornant a les conseqüències negatives de l'abús dels herbicides, l'absència de les males herbes permet que els camps siguin colonitzats per altres espècies d'herbes adventícies no sensibles a l'herbicida utilitzat. I la cua de problemes és més llarga: l'abús dels herbicides ha propiciat l'aparició de més de 34 espècies de males herbes resistents al glifosat —reitero, no pel fet que les plantes siguin transgèniques sinó per l'ús abusiu d'herbicides—. Per a més inri, aquestes superherbes s'estan combatent amb compostos encara més agressius, com el 2,4-D, un dels components del famós agent taronja que els Estats Units van utilitzar durant la guerra del Vietnam per defoliar boscos i camps de cultiu.

Finalment, amb una visió mediambiental, l'eliminació d'herbes adventícies també és perjudicial per a les poblacions de certs insectes que les habiten, com ja s'ha vist àmpliament amb la papallona monarca. En aquest sentit, les resistències a insectes també són un problema, no tant perquè s'eliminin certes espècies com perquè n'arriben d'altres contra les quals la resistència no funciona. Malauradament, aquests insectes resistents als transgènics podrien provocar unes pèrdues encara superiors, en cas de plaga. Cal dir que, malgrat aquests riscos, s'ha vist que aquests transgènics continuen sent efectius durant més de deu anys.

Una de les altres potencials amenaces dels transgènics té a veure amb la manera de crear-los i no amb el transgèn d'interès. El procés experimental per preparar un transgènic fracassa molt sovint i una de les millors maneres per descobrir si ha tingut èxit és utilitzant gens de resistència als antibiòtics. Sempre que el procediment hagi anat malament, la planta morirà si li administrem antibiòtics; en canvi, si ha funcionat sobreviurà. D'aquí sorgeix el risc que les resistències a antibiòtics s'acabin transmetent a bacteris patògens, cosa que dificultaria greument recuperar-se d'una infecció bacteriana. Afortunadament, aquesta possibilitat és extremament baixa i, a més, s'està treballant en mètodes de selecció alternatius per evitar l'ús d'aquests gens de resistència als antibiòtics.

Pel que fa a la salut, s'especula que els aliments transgènics podrien provocar reaccions al·lèrgiques o tenir potencials interaccions amb el sistema immunitari que podrien ser perjudicials. Ara bé, la majoria d'estudis no han detectat efectes adversos derivats del consum de transgènics en la salut dels animals.

Més enllà de la biologia

Després de discutir les hipòtesis sobre les possibles conseqüències dels aliments transgènics en la salut i altres efectes dels conreus transgènics en l'entorn, passem a discutir un aspecte menys científic del tema. Parlem breument de les seves implicacions econòmiques i de les empreses que els comercialitzen.

Desenvolupar un transgènic és un procés llarg i car. El llançament al mercat d'un transgènic pot trigar uns tretze anys i només els assajos per comprovar-ne la seguretat ja poden costar més de 35 milions de dòlars. Per tant, tots aquests procediments fan que només grans empreses disposin dels recursos per tirar-los endavant. A sobre, els gens utilitzats per fer aquests cultius modificats genèticament es poden patentar, cosa que encara limita més que en puguin fer ús altres organitzacions. En resum, cinc grans empreses controlen el 70 % del mercat mundial de llavors transgèniques: Monsanto, Syngenta, Bayer CropScience, Dupont i Groupe Limagrain. Així, els pagesos tenen poques opcions per escollir quines llavors compren en aquesta situació, que és un oligopoli de manual. Precisament la influència d'aquestes empreses ha contribuït a escampar un dels mites més difosos sobre els cultius transgènics, que és el de l'esterilitat d'aquests productes. No és cert que les llavors d'aquestes plantes siguin estèrils per obligar a comprar la llavor any rere any: es poden guardar i replantar la temporada següent. No obstant això, comprar llavors cada any és una pràctica comuna en agricultura, també de varietats no transgèniques, pels beneficis que té relacionats amb la conservació i la viabilitat de les llavors, cosa que s'aconsegueix de maneres diferents, per exemple amb tractaments amb fungicides.

Ja per acabar, fins a l'any 2020 ja s'han desenvolupat 525 varietats diferents de transgènics a partir de 32 espècies de cultius, la meitat només en blat de moro i cotó. Tot i que moltes es consideren segures, molt poques han estat aprovades per a la comercialització i l'ús generalitzat. Mentrestant, els cultius que ja estan en producció presenten destacables augments de producció i importants increments de beneficis econòmics dels pagesos que les utilitzen.

Com hem vist, els transgènics tenen uns riscos associats, però els seus evidents beneficis els estan consolidant, és a dir, sembla que el món dels transgènics continuarà evolucionant i no només en plantes, sinó també en animals. Des de l'any 2022 ja hi ha dos animals transgènics aprovats per al consum humà. El primer va ser un salmó de creixement accelerat, i el segon, un porc al qual se li ha eliminat una molècula que provocava al·lèrgies. En definitiva, la recerca biològica i l'enginyeria genètica ens ofereixen oportunitats que, malgrat tenir potencials riscos, val la pena avaluar per intentar resoldre problemes que hem creat nosaltres mateixos, com el canvi climàtic o la contaminació per plàstics, un problema que tracta el capítol següent.

5

Créixer en simbiosi: humanitat i natura

Nil Salvat i Rovira

Podem aprofitar les eines que ha dissenyat i perfeccionat la natura durant milions d'anys segons la nostra voluntat? La biotecnologia és la branca de la ciència que ho estudia, i en parlarem en clau tant de passat com de futur per explicar-te com ho fa. Començarem per explicar la història al voltant del descobriment de la diabetis, la insulina com a protagonista d'aquesta síndrome, i com l'enginyeria genètica i els bacteris han permès trobar-hi un tractament. Després abordarem un gran repte de futur com és la contaminació dels plàstics, que tants estralls fa en els nostres oceans i mars. Es tracta d'investigar un bacteri capaç de transformar un plàstic que fins ara consideràvem no biodegradable en una molècula que sí que és fàcilment eliminable. Un canvi de paradigma?

A hores d'ara ja et deus haver familiaritzat amb molts dels conceptes científics amb què tanta gent del gremi científic treballa en el seu dia a dia. Però també has conegut alguns dels reptes de futur. Des dels òrgans al laboratori fins a la problemàtica entre el canvi climàtic i la distribució dels aliments, les ciències abasten tota mena de situacions.

Tot això i l'ètica que travessa aquestes situacions es pot estudiar de moltes maneres, però, més enllà de crear màquines i aparells que facin les funcions que nosaltres desitgem, sovint oblidem que la natura i l'evolució (com aprendràs al capítol següent) ens han ofert una pila d'organismes amb infinitat de recursos que els humans podem aprofitar per resoldre molts dels reptes amb què ens trobem.

Benvingut a la biotecnologia!

Avui en dia tot és *bio*. Bioenginyeria, bioquímica, biomedicina... Sovint, les diferències entre disciplines són petits matisos, de manera que, si volem parlar de biotecnologia, necessitarem acotar des d'un principi a què ens referirem. Si en busquem la definició al DIEC, trobarem que es tracta de l'«aplició de les ciències biològiques, especialment la genètica, als processos tecnològics i industrials». «Indústria», primera paraula important. Tot i això, personalment m'agrada abordar-ho més com ho descriu la Viquipèdia: «Conjunt de disciplines o ciències que té per objectiu l'estudi d'éssers vius o part dels éssers vius per tal d'obtenir-ne béns i serveis». «Obtenció de béns i serveis», segon concepte rellevant.

Així doncs, mentre que el concepte *bio-* engloba tot allò que té a veure amb l'estudi de la vida al nivell que sigui, el vessant *tecnologia* es refereix a aquelles aplicacions de la vida de les quals podem treure un rèdit. Això posteriorment ho podem industrialitzar i produir en massa per pal·liar un problema a gran escala, però el nucli de la disciplina és que el coneixement a fons de les diferents formes de vida ens permetrà descobrir solucions que ja existeixen a problemes que no sabem com resoldre.

Et costa fer-te'n una idea? Vegem-ne alguns exemples!

Una història ensucrada

L'any 2014, la diabetis a Catalunya tenia una prevalença declarada del 7,4 % de la població, per la qual cosa és probable que coneguis alguna persona diabètica o que alguna persona dels teus cercles n'acabi desenvolupant la síndrome. Segles abans, això hauria estat una sentència de mort, però avui dia, gràcies a la biotecnologia, les persones diabètiques poden viure amb relativa normalitat.

Per explicar la diabetis començarem amb una curiositat. Sabries dir-me d'on ve el nom *diabetis mellitus*? La diabetis és una de les primeres malalties descrites de la història, concretament en un papir datat el 1500 aC trobat a Luxor (Egipte), del qual també parlarem en capítols posteriors. En aquest papir s'hi descriu la simptomatologia de la malaltia i es fa referència a una «orina abundant». Quedem-nos amb això perquè serà important més endavant.

Anys més tard, cap al segle VI aC a l'Índia, un dels principals exponents de la medicina tradicional de l'època, Sushruta, identifica la malaltia i la classifica com a *madhumeha* o «orina de la mel». Parla de miccions enganxoses, amb gust de mel i que atrauen formigues i mosques. Aquesta distinció també era compartida per metges xinesos, coreans i japonesos, que es fixaven en aquests trets per fer diagnòstics acurats.

Passen les èpoques i l'any 230 aC el grec Apol·loni Memfita parla per primer cop de *diabetis*, que significa «que corre a través». Per trobar l'origen del *mellitus* ens haurem d'avançar uns segles fins a la segona meitat del XVII, moment en què el metge britànic Thomas Willis va separar la diabetis insípida de la diabetis mellitus segons si l'orina dels pacients tenia gust de mel o no.

I com es va trobar la cura?

Com et deu sonar, l'efecte principal de la diabetis és una desregulació dels nivells dels sucres (concretament, de glucosa) a la sang, que produeix un estat natural hiperglucèmic. La diabetis mellitus, com a subgrup de la diabetis, parla concretament d'aquell conjunt de malalties en què aquesta desregulació és causada per defectes en la secreció o per l'acció d'una hormona proteica anomenada insulina.

La funció de la insulina al nostre cos és, a grans trets, dir a les cèl·lules que captin la glucosa que corre pel torrent sanguini. Un cop nosaltres ens alimentem i digerim el menjar, alliberem la glucosa a la sang per tal que pugui arribar a totes les cèl·lules. El problema és que, si no tenim insulina o no aconsegueix fer la seva funció correctament, ens trobarem amb una situació d'hiperglucèmia permanent que pot arribar a ser perjudicial per a la salut.

És a dir, a causa de la fallida de la comunicació entre el sistema i les cèl·lules, aquestes no activen els seus mecanismes per incorporar la insulina i fer-la servir, i la glucosa en sang s'acumula per sobre de nivells normals (hiperglucèmia). Podríem pensar que el fet de tenir-ne més no hauria de ser un problema; de fet, després d'un àpat és normal patir un estat passatger d'hiperglucèmia. Però la vida s'adapta entre llindars i aquest excés pot causar diversos efectes que acabin perjudicant l'organisme. Tot això sense tenir en compte que, si les cèl·lules no incorporen la glucosa, perden la principal font d'energia que usen en condicions normals i tot el metabolisme es veu descontrolat per compensar la situació.

A principis del segle XX, amb l'auge de les tècniques de genètica i de biologia molecular, es va poder aïllar i purificar la proteïna de la insulina, cosa que va facilitar molt la feina posterior de caracterització dels diferents tipus d'insulina de diferents fonts animals. Amb el coneixement que la insulina era la causant de la diabetis, es va començar a aïllar insulina a partir dels porcs degut a l'alta semblança entre la insulina porcina i la humana. Les primeres teràpies d'injecció d'insulina porcina van estar disponibles al mercat a mitjans dels anys vint. Començava així el camí per trobar una cura. Llavors les extraccions d'insulina porcina eren costoses i requerien una gran infraestructura logística i animal que no acabava d'optimitzar el balanç de tot plegat. Però la revolució de l'enginyeria genètica de finals de segle va permetre obtenir insulina humana mitjançant un cultiu de bacteris.

Si repasseu el capítol de les bases genètiques, sabreu que les proteïnes estan codificades per gens. L'any 1977, el laboratori de Herbert Boyer va decidir agafar el gen de la insulina humana i inserir-lo al genoma d'un cultiu bacterià. Així, els bacteris produïen la proteïna humana en massa i l'únic que calia era purificar-la. Els bacteris feien de fàbriques biològiques (bioreactors) per obtenir la proteïna que escollíssim. Tot molt més pràctic!

Així, per una banda, vam poder evitar tot el que suposava haver d'extreure la insulina natural dels porcs, amb el cost animal i l'inconvenient que no fos insulina humana, i per l'altra, vam poder-ne produir la versió humana en abundància amb sistemes fàcils de manipular, fer créixer i controlar. Tot avantatges!

I ara, pensem en clau de futur

Ara que hem revisitat el passat, podem veure com un problema humà es pot solucionar gràcies a estratègies que utilitzen altres formes de vida. Ara intentem donar-hi un altre punt de vista i mirar com ho podem aplicar avui en dia. Quins problemes podríem mirar de solucionar?

Consultem algunes dades per plantejar un problema que nosaltres mateixos ens hem creat: la contaminació per plàstics. Segons Ecodes, una organització independent sense ànim de lucre que treballa pel desenvolupament sostenible, cada any s'aboquen als oceans una mitjana de vuit milions de tones de residus plàstics. És l'equivalent a un camió d'escombraries ple de plàstics cada minut.

Si aquesta tendència no es reverteix, no trigarem a veure més plàstics que peixos al mar (si no és que ja ho veiem), i fenòmens com el de l'illa de plàstic del Pacífic, un abocador oceànic de milers de quilòmetres de superfície de plàstics, seran cada vegada més freqüents. Per no parlar dels problemes de salut i desregulació hormonal que ja s'estan observant. Però, atenció, estimat lector! Aquest fragment tampoc pretén posar tota la responsabilitat del canvi en les accions individuals de cadascú, la discussió sobre el terme «capitalisme verd» o tot el sistema que ens ha portat al punt on ens trobem actualment. Simplement, partint d'aquesta problemàtica, què podem fer per solucionar-ho des d'un punt de vista científic, concretament des de la biotecnologia?

Envàs, on vas?

De ben petits ja ens ensenyen que els plàstics es reciclen al contenidor groc. Més endavant, potser la nomenclatura canvia a «envasos», però el contingut encara és el mateix. A mesura que som més conscients dels residus que generem, l'hora de llençar la brossa porta cada cop més problemes per identificar què va a cada contenidor, especialment quan tenim envasos de plàstic i envasos de paper que van a contenidors diferents tot i ser igualment envasos, o bé plàstics que es reciclen a la deixalleria (CD). Què és, llavors, un plàstic?

Si pensem en la paraula «plàstic», veurem que estem acostumats a utilitzar-la com a nom, però et demanaré que hi pensis en clau d'adjectiu. Cirurgia plàstica, educació plàstica, material plàstic. De fet, l'origen grec de la paraula (*plastikós*) evoca les seves propietats mal·leables, és a dir, que té la capacitat de ser modelat per donar-li diferents formes físiques mitjançant diversos mètodes. Per practicitat, hem arribat a associar com a «plàstics» tot allò que es produïa a partir de materials plàstics, i aquests materials són el quid de la nostra qüestió.

Els plàstics són polímers, és a dir, estan formats de moltes repeticions d'una mateixa estructura (monòmer), com una cadena que es va allargant afegint-hi baules. Els plàstics sintètics, per exemple, es formen a partir de derivats del petroli, on podem trobar monòmers com el polietilè, el PVC (clorur de polivinil) o el niló, entre d'altres. A partir d'aquests monòmers, i mitjançant diferents mètodes industrials, hem arribat a una diversitat ingent de plàstics; avui, però, ens centrarem en el PET, el politereftalat d'etilè.

Un PET com un aglà

El PET és un polímer de la família dels polièsters que, segons l'ordenació dels seus monòmers, pot donar resultats a materials opacs o transparents. Són materials amb una alta resistència i lleugeresa i, gràcies a la seva resistència al desgast i la corrosió, són perfectes per fer-ne contenidors de productes alimentaris. No et sorprendrà saber que les ampolles de plàstic, bidons d'aigua, productes farmacèutics i tants altres estiguin envasats en PET.

Les seves propietats fan que es pugui utilitzar en envasos que es produeixen en quantitats massives i, per tant, que també siguin dels primers a no reciclar-se o abocar-se a la natura sense control. Tot i que és reciclable, no és material biodegradable. Això vol dir que no pot ser descompost per organismes vius, o això pensàvem fins fa uns anys.

Un aliat microscòpic

L'octubre del 2021 es publicava un article científic a la prestigiosa revista *Nature* amb el títol de «Conversió fermentativa directa entre poli(etilèterftalat) i poli(hidroxialcanoat) per

Ideonella sakaiensis». Uf, moltes paraules llargues, aquí: vegem què explicava.

L'equip d'investigadors japonesos que signava l'article explicava els resultats d'una investigació que havia fet al voltant d'una espècie de bacteris, *Ideonella sakaiensis*. En aquest estudi, havien trobat que els bacteris eren capaços no només de digerir molècules de PET, sinó que el transformaven en un altre tipus de plàstic (PHB) que sí que és biodegradable! L'equip feia uns anys que anava al darrere de la pista d'aquesta espècie amb aquest potencial, però tampoc és la primera en el camp de la bioremediació.

El març del 2020, un grup de científics alemanys identificava una espècie de bacteris que degradava el poliuretà, amb resultats similars als obtinguts al Pakistan el 2017, però aquest cop amb l'espècie de fong *Aspergillus tubingensis*. Aquests descobriments formen part del que es coneix com a bioremediació, la disciplina de la biotecnologia que basa la utilització d'agents biològics com ara bacteris per degradar contaminants no biodegradables a la natura. En aquest sentit, també hi trobem avenços en l'actuació contra vessaments de petroli o la descomposició de residus nuclears, entre d'altres.

Però, com han arribat aquestes formes de vida a ser capaces de donar solució a problemes que no hi havia fa milions d'anys? Al capdavall, la contaminació per plàstics fa tot just unes dècades que existeix, i avui en dia ja trobem organismes capaços de ser part activa de la solució. Quin paper hi té l'evolució, en tot plegat? Preguntes per respondre al pròxim capítol!

6

L'evolució, una finestra al passat, al present i... al futur?

Cristina Hurtado Tripiana

L'evolució és el procés de desenvolupament dels éssers vius al llarg del temps. Tots els organismes vius actuals provenen d'una mateixa entitat que va existir fa milions d'anys anomenada LUCA (*last universal common ancestor*). En aquest capítol intentarem entendre què és exactament l'evolució i quins són els mecanismes evolutius que s'han succeït al llarg del temps per arribar a conèixer la vida com l'entenem fins ara en tota la seva complexitat i diversitat. Parlarem d'herència, recombinació genètica, mutacions, selecció natural, deriva genètica i selecció sexual. A més, aprofundirem en els humans explorant la nostra evolució i debatent si encara estem experimentant canvis evolutius.

Seria possible que en un futur proper els microorganismes marins desenvolupessin enzims capaços de degradar el plàstic? O que apareguin noves espècies que puguin resistir les altes temperatures degudes a l'escalfament global? O bé que les espècies urbanes experimentin canvis per sobreviure millor a les condicions dels entorns urbans com edificis, carreteres i fonts de contaminació? Per entendre el futur, moltes vegades cal estudiar el passat.

On tot va començar

Tots els éssers vius d'aquest planeta tenim un ancestre comú, el LUCA. No, no estem parlant d'en Luca, el personatge de Disney! Ens referim al veritable LUCA, també conegut com a *last universal common ancestor*, és a dir, l'últim avantpassat comú universal. LUCA no és el nom d'una espècie en concret sinó que es tracta del darrer hipotètic organisme del qual descendim tots els existents. Sí, les alzines, les formigues o els humans tenim el mateix origen.

La filogènia, és a dir, la relació de parentesc entre espècies i la detallada semblança bioquímica de tota la vida actual, confirma l'existència del LUCA, tot i que realment no n'hi ha proves fòssils evidents. S'estima que va viure fa aproximadament 4.000 milions d'anys en un entorn humit i càlid, probablement a les aigües termals de les profunditats marines. Així doncs, com és possible que la vida en tota la seva diversitat i complexitat hagi evolucionat a partir d'un hipotètic organisme del qual tots descendim? Què vol dir evolucionar i quins mecanismes existeixen?

Evolu... què?

La paraula «evolució» prové del llatí *evolutio*, que significa canvi. L'evolució és el procés pel qual les formes de vida han canviat al llarg del temps a mesura que l'ambient de la Terra també ho ha fet. Aquest és un procés que va començar fa milions d'anys amb formes de vida molt primitives i que encara continua.

Per entendre com, partint d'organismes simples, es pot evolucionar a un conjunt d'espècies dràsticament diferents, al llarg de milions d'anys, primer cal comprendre què és una espècie. El significat d'aquest terme és un tema de debat entre els experts. Per simplificar-ho, es pot definir com un conjunt d'organismes individuals que tenen la capacitat de barrejar-se i produir nous individus fèrtils. D'aquesta manera, la seva descendència també és capaç de fer el mateix que els seus antecessors i perpetuar l'espècie.

Tots els organismes són únics

Per aprofundir en el coneixement de l'evolució haurem d'abordar diferents qüestions. La primera és la singularitat dels organismes vius. Tal com s'explica al capítol de la medicina personalitzada, tots i cadascun dels éssers vius del planeta Terra som únics. Encara que els organismes d'una mateixa espècie puguin tenir semblances pel que fa a l'aparença, presenten trets i característiques lleugerament diferents. Això es deu, en part, a l'evolució.

Cada organisme està format per cèl·lules, entitats que contenen i emmagatzemen en el seu interior el material genètic. L'ADN conté el manual d'instruccions d'aquella entitat. D'alguna manera, aquest manual determina les característiques de les criatures vives i el que fa que cada organisme sigui únic i diferei-xi lleugerament de la resta d'individus de la seva mateixa espècie.

En el cas dels animals, per exemple, un dels factors que fa que els individus siguin únics és com es transmet aquest material genètic a la descendència, conegut també com a herència. Al llarg d'aquest procés entren en joc dos factors molt importants: la recombinació genètica i les mutacions.

La recombinació és la mescla aleatòria de l'ADN. Per entendre-ho millor, imaginem-nos que tenim dos puzles diferents i que cadascun té la seva pròpia imatge única. Si decidim barrejar les peces de tots dos i intentem tornar-les a unir, és possible que algunes s'ajustin i creïn una imatge nova i única que no existia abans. És un cas comparable al que passa durant la recombinació genètica: el material genètic de dos individus diferents es barreja i les peces de cada individu es poden recombinar per crear una nova seqüència genètica única en la seva descendència. D'aquesta manera augmenta la diversitat i les diferències dins d'una mateixa espècie. Per aquest motiu, germans amb els mateixos pares no són idèntics entre ells ni tampoc als seus pares, tot i assemblar-s'hi.

Per altra banda, hi ha les mutacions, és a dir, canvis aleatoris en l'ADN. Aquests canvis poden ser causats per diversos factors. Una llarga exposició, per exemple, a la radiació electromagnètica, com és el cas de prendre el sol, pot alterar el material genètic i estimular el creixement de cèl·lules canceroses. Les mutacions, tot i que sovint s'associen a una cosa perjudicial, no sempre ho són. De fet, la majoria són neutres o positives, com és el cas del color dels ulls. El que determina el color dels ulls d'una persona és la pigmentació de l'iris, una estructura que envolta la pupil·la. El color pot variar des d'un blau molt clar fins a un marró fosc, i aquesta variació depèn de mutacions en els gens d'una persona. La majoria de mutacions associades al color dels ulls afecten la producció, transport o emmagatzematge d'un pigment anomenat melanina. La quantitat i qualitat de melanina en les capes frontals de l'iris està directament relacionada amb el color dels ulls. Les persones amb els ulls marrons, a diferència de les que els tenen blaus, tenen més melanina a l'iris.

Per tal que les mutacions impactin en l'evolució de les espècies cal que es transmetin a la descendència. Una mutació es transmet quan es produeix en les cèl·lules reproductores, els gàmetes. Així doncs, no n'hi ha prou que afecti un individu, sinó que ha de passar als seus descendents perquè pugui tenir un impacte en l'evolució de l'espècie.

Per anar evolucionant s'utilitzen els dos mecanismes que hem explicat abans, la mutació i la recombinació. Dit això, podríem preguntar-nos com és possible que processos tan ben estructurats estiguin subjectes a l'atzar. Paradoxalment, sembla que tots els individus de la Terra estan perfectament adaptats al seu entorn. Els mol·luscs, per exemple, presenten un llarg peu muscular que els permet fixar-se a la sorra per desplaçar-se. Els camells tenen cames llargues i potents que els permeten recórrer llargues distàncies sobre terreny sorrenc, així com gemmes on emmagatzemen greix que el seu cos pot utilitzar quan les reserves són escasses. Si una mutació afectés els camells i de sobte passessin a tenir un peu muscular, potser no seria un escenari ideal. La resposta a tot això ens la dona la selecció natural.

La selecció natural

Tots els organismes estan sotmesos a un procés de selecció natural. Com ja hem vist anteriorment, cadascun és una mica diferent dels seus companys i, per tant, hi ha variació dins d'una mateixa espècie. La selecció natural és el procés pel qual els organismes amb determinades característiques genètiques tenen més probabilitats de sobreviure i reproduir-se transmetent aquestes característiques als seus descendents. Aquest procés es desenvolupa de manera gradual al llarg de moltes generacions i presenta canvis en funció de diverses influències ambientals, com ara l'existència de depredadors, de paràsits, d'animals de la mateixa espècie, de toxines o els canvis en l'hàbitat o en el clima.

Cada individu presenta una barreja única de trets i característiques que l'ajuden a sobreviure en l'entorn en el qual es troba. Un individu acaba morint si presenta uns trets inadequats per a l'entorn. Podem exemplificar-ho amb un peix tropical que es troba en aigua dolça, amb una temperatura òptima d'entre 25 °C i 28 °C. Si aquest peix fos col·locat en un estany fred, amb una temperatura de 15 °C, el seu metabolisme es reduiria i el seu sistema immunològic es debilitaria. Aquest context el faria més vulnerable a les malalties i la seva capacitat de reproducció disminuiria. El peix no seria capaç d'adaptar-se a aquest ambient inadequat i acabaria morint. A conseqüència d'això, els individus que presenten unes característiques concretes són els que sobreviuen i els que les poden transmetre a la seva descendència.

La diversitat, per tant, és un factor clau per a la supervivència dels organismes, que a través de la reproducció produeixen descendència amb diferents característiques genètiques, cosa que augmenta les possibilitats que almenys una d'aquestes criatures passi el procés de selecció natural i pugui sobreviure. Aquest fet és conegut com a «maximització de les possibilitats de supervivència». L'evolució ocorre a nivell de població o espècie, perquè és el conjunt dels individus el que la fa a través de la seva adaptació als canvis ambientals. Per tant, és important entendre que no és l'individu qui evoluciona, sinó tota la població o espècie.

Aquest procés que sembla tan senzill és força complex i va ser Charles Darwin qui va dedicar part de la seva vida, ara ja fa uns segles, a estudiar-lo en una illa remota amb un grup de pinsans. Fa aproximadament dos milions d'anys, un grup d'aquests ocells va arribar a les illes Galápagos, probablement a causa d'una gran tempesta. Es van trobar en un entorn que era nou per a ells. En aquesta illa hi tenien molts aliments i pocs depredadors, cosa que va donar com a resultat una reproducció més ràpida dels individus d'aquesta espècie. A conseqüència d'això, com que cada vegada hi havia més individus, el subministrament d'aliments era més escàs.

El resultat va ser que ells mateixos es van convertir en competidors pels recursos existents. Va ser aquí on la selecció natural va tenir lloc. La individualitat i les petites diferències van suposar que alguns dels ocells evitessin competir entre ells i trobessin maneres diferents d'alimentar-se. D'aquesta manera, el bec d'alguns pinsans tenia forma de pinça, ideal per excavar la terra i buscar cucs, mentre que d'altres eren més aptes per trencar llavors.

En aquell moment els pinsans es van classificar en nínxols ecològics. Els nínxols ecològics són els rols que cada espècie ocupa en un ecosistema i que els permet sobreviure i reproduir-se. Aquests nínxols estaven fora de perill de la competència excessiva. Al cap d'un temps, els individus del mateix nínxol ecològic van començar a aparellar-se només entre ells i, al llarg de moltes generacions, les característiques d'aquesta població van anar millorant, cosa que els va permetre aprofitar amb èxit el seu nínxol ecològic. Les diferències entre els que eren capaços de menjar cucs i els que trencaven llavors es van fer tan grans que ja no podien aparellar-se entre ells. Com a resultat van sorgir diferents espècies. Actualment hi ha fins a catorze espècies diferents de pinsans que viuen a les illes Galápagos, totes descendents de la primera.

Però, tot és causat per la selecció natural? Clarament no: aquesta no és l'única manera que tenen els organismes d'evolucionar.

La deriva genètica

Alguns canvis genètics s'esdevenen per causes aleatòries. Per exemplificar-ho, podem fixar-nos en què passa quan agafem un grapat de Lacasitos d'una bossa, de manera aleatòria. En trobarem uns quants de verds, de vermells, de grocs... Ara bé, si n'agafem un altre grapat, segur que la composició canviarà respecte a la primera, i cada vegada que ho repetim obtindrem uns resultats diferents. Això també pot passar amb els gens. Quan esdeveniments aleatoris determinen quins gens sobreviuen i esdevenen més comuns, ja no parlem de selecció natural, sinó de deriva genètica.

Imaginem-nos per un moment que un conjunt d'espècies

viuen tranquil·lament en una illa deserta i que, de sobte, hi impacta un meteorit. Gràcies a l'atzar algunes sobreviuran i amb el temps la població presentarà diferències força significatives respecte a la població original. Aquells que sobrevisquin a l'impacte no serà perquè tinguin el bec més gros o les urpes més esmolades, sinó que el resultat es produirà aleatòriament.

La selecció sexual

Un altre procés que també incideix en l'evolució és l'aparellament. En el món animal, les espècies lluiten per aconseguir una parella reproductiva o per cridar l'atenció de la seva potencial parella. L'aparellament dels gens no depèn de l'atzar. Si un dels components d'un ramat se sent atret per les banyes d'un altre cap de bestiar, encara que no siguin les més adequades per a l'entorn on viu, la descendència adoptarà aquest tipus de banyes.

Aquest és un cas de selecció sexual, en què els gens que sobreviuen estan lligats a qui s'escull per aparellar-se. N'hi ha altres exemples, com els ocells mascles del paradís, que tenen colors més vius que els poden fer més visibles als depredadors, i això disminueix les seves possibilitats de supervivència. No obstant, gràcies a aquests colors tan vistosos poden atraure les femelles fent un ball complex per aparellar-se.

I què passa amb els humans?

Fins ara hem parlat de com actua l'evolució en camells, mol·luscs, ocells i d'altres animals, però què passa amb l'espècie humana? Els humans també hem estat sotmesos als mecanismes de l'evolució. Al llarg de la història, hi ha hagut moltes espècies *humanes*, com per exemple els neandertals o els australopitecs. Actualment els únics humans que vivim al planeta som els *Homo sapiens sapiens*. D'ençà que vam aparèixer, hem arribat a tots els racons de la Terra. Els nostres avantpassats es van enfrontar a moltes pressions ambientals, com ara l'aparició de diferents aliments o els canvis climàtics. Moltes persones van morir a causa d'aquestes noves pressions, però les que van sobreviure, els nostres avantpassats, ho van fer gràcies a versions noves i millorades dels gens que portaven per a aquell entorn concret.

Un clar exemple d'això el trobem en els bajau, un poble nòmada que viu entre les aigües de les Filipines, Indonèsia i Malàisia. Aquesta població és capaç de capbussar-se fins a tretze minuts aguantant la respiració. El secret d'aquesta respiració sobrehumana està relacionat amb un canvi fisiològic. La melsa dels bajau és fins a un 50 % més grossa que la de molts de nosaltres. La melsa, tot i ser un òrgan força oblidat, és molt important, ja que actua com a dipòsit d'emmagatzematge d'oxigen als glòbuls vermells, els transportadors d'aquest gas. Com més gros és aquest òrgan, més oxigen pot entrar al flux sanguini. Els bajau, que han viscut en un entorn aquàtic durant milers d'anys, van anar acumulant canvis al llarg de la seva evolució que els van dotar d'una melsa més grossa. Les persones amb aquesta mutació van poder menjar i sobreviure més. Al llarg de moltes generacions, aquesta adaptació es va fer més comuna.

Un altre exemple és el de les poblacions de l'Himàlaia, que tenen uns pulmons capaços de respirar aire amb un 40 % menys d'oxigen que la resta de persones. També hi ha algunes poblacions que van migrar a regions properes als pols, on la llum solar és menys intensa i necessària per a la producció de vitamina D en el cos humà, i que van desenvolupar una pell més clara per aprofitar millor la poca llum solar disponible.

Canvis com aquests, produïts per la selecció natural al llarg de milers i milers d'anys, van afavorir el modelatge de l'espècie humana fent que cada població trobés diferents maneres d'adaptar-se al seu entorn.

La deriva genètica també ha tingut un paper important en la nostra evolució. És el cas de la cera de les orelles. Aquells que són d'ascendència europea tenen un 90 % de probabilitats de tenir la cera de l'orella enganxifosa i humida. En canvi, aquells que són de l'est asiàtic tenen moltes més probabilitats que la cera de les seves orelles sigui seca. El tipus de cera d'orella que tenim no proporciona cap avantatge per a la supervivència, per la qual cosa la versió més comuna probablement és el resultat dels gens que van ser portats pels primers humans que van migrar a aquestes regions. Aleatòriament, aquells que van migrar semblaria que tenien la cera més humida, però això no els va fer més bons. Es va produir fruit d'una selecció aleatòria.

Cal tenir present que els efectes de la deriva genètica tenen més possibilitats de ser significatius en poblacions petites i aïllades. Actualment, aquesta realitat no és la més habitual entre els humans. Ens movem i ens barregem més que mai, i els gens també ho fan. Això ha fet disminuir les diferències genètiques entre poblacions humanes. Quan sorgeixen versions rares de gens, el més probable és que es dilueixin en la mescla.

A més, gràcies a la revolució industrial i tecnològica, els humans hem estat capaços d'allargar la nostra esperança de vida i reduir la taxa de mortalitat. Hem impulsat molts avenços que han afavorit el nostre benestar i supervivència. Entre d'altres podem destacar tant la creació de fàrmacs com la disposició d'aigua corrent o de menjar en abundància. Vol dir això que els mecanismes evolutius han deixat d'actuar en els humans? La resposta és no, amb matisos.

El present i el futur de l'evolució en humans

En primer lloc, com hem vist fins ara, l'evolució és un procés lent que tarda milers d'anys a manifestar-se. Per tant, és difícil, en escales curtes de temps, afirmar si la revolució industrial i tecnològica ha frenat la nostra evolució. No obstant, hi ha estudis que suggereixen que els humans hem anat evolucionant al llarg d'aquests darrers anys. Un exemple seria el fet que el 35 % dels humans adults actualment puguin digerir la llet. Fa 7.000 anys això no era tan comú. Els nadons bevien i digerien llet per obtenir energia de la lactosa de la llet materna. Un cop creixien, els gens que permeten digerir la llet quedaven silenciats. Tanmateix, quan es va començar a domesticar el bestiar, es va produir una mutació que va permetre a certes persones adultes digerir la llet. Això els va ajudar a sobreviure, perquè disposaven d'una font addicional de nutrició. Uns quants milers d'anys després, tot i que no passa en tots els casos, és força habitual la capacitat de digerir la lactosa.

I d'ara endavant, què? Es pot predir com serà la nostra espècie en un futur? Tot i que l'evolució és un procés viu i lent, hi ha certs estudis que hipotetitzen alguns canvis. Una possible diferència entre nosaltres i els humans futurs és que podrien tenir un cervell una mica més petit. Això és estrany, perquè al llarg de la història dels humans la mida cerebral ha tendit a augmentar. Sorprenentment, en els últims 20.000 anys, la mida del cervell de l'*Homo sapiens sapiens* ha disminuït. Però què ha causat el canvi? Una possibilitat seria que el nostre cervell acabés sent més petit per l'aparició de societats més complexes. A mesura que la densitat de població ha anat augmentant també ho ha fet la divisió del treball. Els humans no hem hagut de ser tan intel·ligents per mantenir-nos vius, de manera que el nostre cervell no havia de ser tan gros.

Altres científics pensen que el cervell se'ns ha encongit perquè estem més domesticats. Els animals domesticats tenen un cervell més petit que els seus homòlegs salvatges, probablement perquè si un animal salvatge no és prou intel·ligent, no sobreviurà gaire temps. Igual com passa amb els animals domesticats, potser el cervell se'ns ha fet més petit perquè no hem d'estar constantment preocupats per la supervivència, com per exemple que ens ataquin els depredadors. Que el cervell s'empetiteixi no implica necessàriament que es redueixi la nostra capacitat intel·lectual. Paradoxalment, el nostre cervell podria esdevenir més eficient.

Un cervell gros consumeix més energia i, per tant, si se'ns torna més petit i eficient, no en necessitarem tanta per sobreviure. Tot i les dades que ja hem explicat, cal destacar que una recerca recent sobre el crani dels americans va demostrar que des de la segona meitat del segle XIX ha augmentat de mida. Probablement és degut a una millora en la nutrició, no a un canvi evolutiu. Si excloem l'efecte de la millora nutricional, és possible que continuï la tendència a la reducció de la mida del cervell.

En un futur, probablement els mecanismes evolutius com la selecció natural deixaran d'actuar tal com els entenem ara. En lloc d'això podríem evolucionar artificialment a través de l'enginyeria genètica. En un capítol anterior ja s'ha explicat amb detall que hem après a modificar els gens. ¿És possible que en el futur siguem capaços d'eliminar certs trastorns genètics i dissenyar embrions amb una alta intel·ligència? És fascinant i vertiginós pensar que els éssers humans podem ser l'única espècie a la Terra amb la capacitat de determinar com seran els canvis evolutius, i aquest és un poder que comporta una gran responsabilitat.

7

Com nadar en una piscina de mel

Mariona Esquerda Ciutat

Els nadadors més petits del món tenen un problema: són petits. Ser petit i nadar en un fluid, com l'aigua, porta més problemes del que d'entrada ens podríem imaginar. Els bacteris, les algues unicel·lulars i tota mena d'organismes de la mida de micròmetres han desenvolupat tècniques de natació molt sofisticades i dràsticament diferents de les que fan servir un animal gros com una persona o un peix. Un humà i un bacteri, malgrat que tots dos nadin en aigua, viuen en dos mons on la física que governa els moviments és radicalment diferent. Com veurem en aquest capítol, la mida del nadador, a més de propietats físiques del fluid com la viscositat i la velocitat del flux, determina les condicions físiques en què es troba. Però com pot ser que la mida del nadador sigui tan important? En aquest capítol entendrem el perquè seguint els avenços de dos físics: el pioner de la física de fluids Osborne Reynolds, gràcies al qual tenim el nombre de Reynolds, que determina com flueix un fluid i, per tant, com s'hi pot nadar; i el polifacètic premi Nobel de física Edward Mills Purcell, que, entre altres camps com la física nuclear o l'astronomia, va estudiar la física dels petits nadadors. A Purcell li devem el teorema de la petxina, que, com veurem, és una autèntica maledicció per als nadadors més petits del món.

La capbussada

És una tarda calorosa d'estiu. Ets a la piscina, fas una capbussada i t'impulses obrint i tancant braços i cames. Notes que l'aigua que empenys enrere et propulsa endavant. I continues endavant uns quants metres encara que no facis cap més braçada. Fins que, inevitablement, per molt que intentis adoptar la forma més aerodinàmica possible, l'aigua al teu voltant et frena completament. Si vols seguir endavant hauràs de fer una altra braçada.

Aquest exemple serveix per adonar-te que et continues movent després de la primera braçada. La tendència que té un cos a no canviar el moviment es diu inèrcia. Si estàs quiet has de fer força per vèncer la inèrcia i posar-te en moviment. I si estàs en moviment seguiràs així fins que alguna cosa et pari. Precisament, la capbussada també serveix per il·lustrar que hi ha alguna cosa que ens frena i arriba a aturar el moviment al cap d'uns metres. És la fricció. Sense fricció amb l'aigua, un nadador no es frenaria mai! Qualsevol nadador ha de saber jugar amb la competició entre la inèrcia i la fricció per avançar dins de l'aigua.

Ara imagina't la mateixa situació però en una piscina de mel. No em vull ni imaginar la quantitat de mosques que atrauria un experiment com aquest! Ja es pot intuir que nadar en mel no deu ser gens fàcil. Vegem el perquè. La mel és molt més viscosa que l'aigua. La viscositat és una força de fricció molt particular: és la fricció d'un fluid amb si mateix. Sona estrany però una manera visual d'entendre el paper de la viscositat és imaginar que tenim una cullera amb un fluid i el deixem caure. La viscositat és el que fa que caigui lentament. Com més viscós sigui el fluid, més lentament caurà de la cullera. Pots provar-ho a casa amb diferents fluids com l'oli, l'aigua o la mel. En la piscina de mel, la viscositat té molta més importància que en l'aigua, i això canvia completament la física de la capbussada. En mel et frenaries molt més aviat i no arribaries tan lluny amb una sola braçada.

Si estàs pensant que a cap persona amb seny se li acudiria nadar en mel, potser tens raó. Però un problema semblant al de nadar en mel el tenen les cèl·lules i els microorganismes. Per exemple, un espermatozou fent camí per fecundar un òvul, les cèl·lules del nostre cos que s'han de desplaçar per tancar una ferida, les algues unicel·lulars i els bacteris que viuen i naden a l'aigua. Tots aquests petits nadadors no viuen en mel sinó en un ambient aquós. Però, sorprenentment, ser petit com un bacteri i nadar en aigua es pot comparar a ser gros com una persona i nadar en mel. En aquest capítol explorarem el perquè i quines són les estratègies que han desenvolupat els nadadors més petits per superar aquest repte.

La mida importa: l'experiment de Reynolds

Com pot ser que nadar en aigua sigui diferent per a una persona que per a un microbi? Quina importància té la mida del nadador?

L'aigua és aigua. Les propietats físiques de l'aigua, com la viscositat o la densitat, són les mateixes a l'escala d'un humà i a la d'un bacteri. Els moviments de l'aigua, però, poden ser molt diferents. La manera com flueix un fluid canvia a diferents escales.

Per entendre bé la importància de la mida del nadador t'he de presentar un físic irlandès del segle XIX, Osborne Reynolds. Aquest pioner de la mecànica de fluids investigava el flux, és a dir, el moviment d'un fluid. Feia circular aigua per un tub horitzontal de vidre i observava què passava quan canviava paràmetres com la velocitat del fluid, la viscositat o el diàmetre del tub. Per veure millor el flux, deixava anar delicadament un filet de tinta que resseguia el camí marcat pel flux.

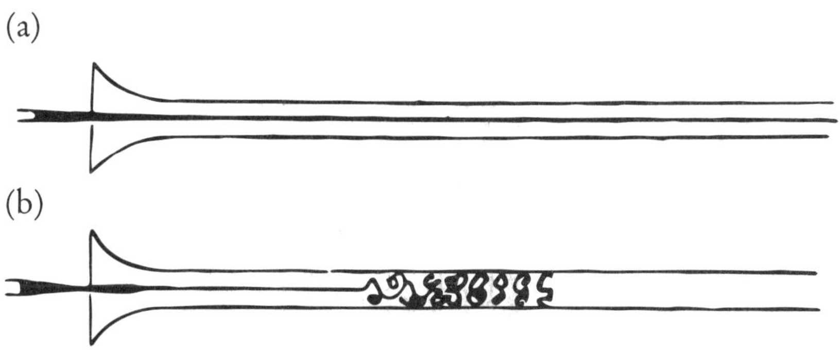

Figura 1: flux d'aigua i tinta en els experiments d'Osborne Reynolds. Es pot veure el característic flux laminar en la imatge (a) i el turbulent en la imatge (b). Imatge extreta de l'article d'Osborne Reynolds, «An experimental investigation of the circumstances which determine whether the motion of water shall be direct or sinuous, and of the law of resistance in parallel channels», a *The Royal Society*, vol. 174 (1883).

Quan l'aigua fluïa a velocitat baixa, la tinta seguia una línia recta del principi al final del tub (Figura 1 - a). Aquest tipus de flux ordenat i suau s'anomena flux laminar. Podem reproduir a casa un flux laminar deixant caure mel d'un pot o obrint l'aixeta molt a poc a poc perquè en surti un rajolí d'aigua transparent. En canvi, en augmentar la velocitat de l'aigua, el fil de tinta formava remolins a tort i a dret tenyint tota la canonada (Figura 1 - b). Aquest tipus de flux s'anomena flux turbulent i el podem recrear obrint l'aixeta de casa al màxim fins que en surti un raig d'aigua blanquinós. Això li va suggerir que la velocitat del fluid tenia un paper important en determinar el tipus de flux.

Fent molts experiments, Reynolds va arribar a la conclusió que el flux era laminar o turbulent depenent de la velocitat del flux (u), la viscositat del fluid (v) i el diàmetre del tub (L). De l'anàlisi dels resultats en va sortir una fórmula que combina tots aquests paràmetres i permet calcular si el flux tendirà a ser laminar o turbulent donades unes condicions.

$$\mathrm{Re} = \frac{uL}{v}$$

Avui en dia coneixem aquest nombre, Re, com el nombre de Reynolds. Si és gran, per exemple 10.000, el flux és turbulent, i si és petit, per exemple 0,001, el flux és laminar. Més endavant explicarem en detall quina interpretació té aquest nombre. De moment, per no perdre el nord, centrem-nos en el diàmetre del tub per entendre la importància de la mida del nadador. Si el diàmetre és gran, el nombre de Reynolds és gran i el flux és turbulent. I si el diàmetre és petit, el flux és laminar pel mateix raonament. Això és exactament el que passa amb la mida del nadador.

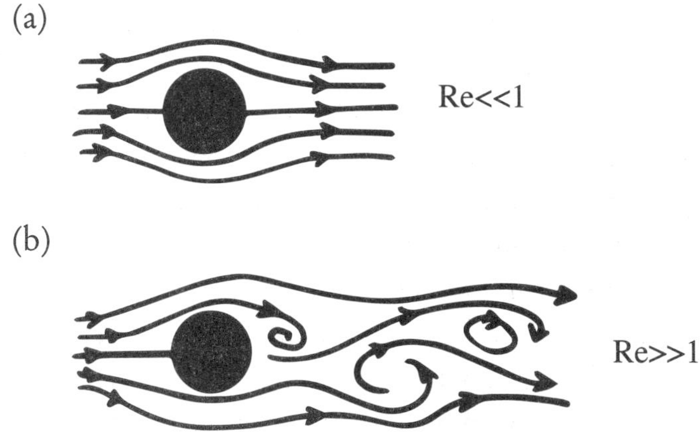

Figura 2: Il·lustració dels fluxos al voltant d'un objecte amb nombre de Reynolds baix (a) i alt (b). Dibuix fet per Mariona Esquerda Ciutat.

Potser estàs pensant que el diàmetre del tub no té res a veure amb un nadador i la seva mida, però en realitat aquestes dues quantitats tenen el mateix paper. La *L* de la fórmula del nombre de Reynolds és una mida característica del sistema, que tant pot ser el diàmetre del tub de l'experiment de Reynolds com la mida del nadador en una piscina o la mida d'una pedra en un riu. La raó és que la mida característica del sistema és un factor important que pot determinar de quina manera el flux canvia de direcció i velocitat. Reynolds utilitzava la tinta per visualitzar aquests canvis en el flux. És fàcil d'imaginar en un riu on hi ha una pedra al mig. Si la pedra és petita, el flux es divideix, hi passa pels costats i es torna a unir al darrere. Aquest és un cas de flux laminar. En canvi, si la pedra és grossa, els canvis en el flux poden ser grans, crear remolins darrere la pedra i fer que el flux esdevingui turbulent.

De la mateixa manera, la mida del nadador té un efecte en el nombre de Reynolds i pot fer que sigui gran o petit. Per a una persona que nada en una piscina d'aigua, el nombre de Reynolds és 10.000, que correspon a flux turbulent. Per a un bacteri, el nombre de Reynolds és 0,0001, de manera que el flux és laminar. Malgrat nadar tots dos en aigua, la persona i el bacteri tenen experiències extremament diferents!

	Mida	**Velocitat**	**Re**
Bacteri	10 µm	10 µm/s	0,0001
Espermatozou	100 µm	100 µm/s	0,01
Peix petit	10 cm	10 cm/s	10.000
Pingüí	1 m	1 m/s	1.000.000
Balena	10 m	1 m/s	10.000.000

Taula 1: Nombre de Reynolds per a diferents valors de la mida del nadador i la velocitat.

Tria la teva aventura: inercial o viscós

Tornem-nos a mirar la fórmula del nombre de Reynolds:

$$\mathrm{Re} = \frac{uL}{v}$$

És una fracció. Les fraccions indiquen relacions o comparacions entre dues quantitats. Per exemple, em puc inventar una fracció que compari l'alçada i l'amplada d'una finestra.

$$\text{Nombre finestra} = \frac{\text{alçada}}{\text{amplada}}$$

Si la finestra és més alta que ampla, la fracció és superior a 1. Si la finestra és quadrada, la fracció és exactament 1. I, finalment, si la finestra és més ampla que alta, la fracció és inferior a 1. La fracció que m'he inventat ens classifica les finestres en dos grans grups: les altes i les amples. Bé, i les quadrades, que queden al bell mig.

La fórmula del nombre de Reynolds resulta de comparar, és a dir, dividir dues forces i de fer una mica d'àlgebra per simplificar les equacions i deixar-ho bonic. Les dues forces que es comparen són les anomenades inercials contra les viscoses. De fet, podem escriure el nombre de Reynolds així:

$$\mathrm{Re} = \frac{\text{forces inercials}}{\text{forces viscoses}}$$

Les forces inercials són les que descriuen canvis en el moviment d'un objecte, és a dir, provenen de l'acceleració. Com hem dit, el terme «inèrcia» significa la tendència a mantenir el mateix estat de moviment. Les forces viscoses són les degudes a la viscositat del fluid. El nombre de Reynolds compara aquestes dues forces i, de la mateixa manera que en l'exemple de les finestres, classifica el flux. Ara podem entendre millor què vol dir flux laminar o turbulent.

La vida a nombre de Reynolds alt

El món a alt nombre de Reynolds és el que més s'adequa a la nostra intuïció. És el món on la inèrcia té un paper més important que la viscositat. És el món en què podem empènyer algú en un gronxador i la inèrcia el manté en moviment, amunt i avall, una bona estona. Les condicions que ajuden a tenir un nombre de Reynolds alt són: tenir un fluid amb una viscositat baixa, que el fluid es mogui a una velocitat alta i un nadador gros.

Un avió volant, per exemple, compleix totes tres condicions. Es mou en l'aire, un fluid molt poc viscós, a altes velocitats i és gran. Per a un avió volant, el nombre de Reynolds és 1.000.000.000, és a dir, molt alt. Per tant, l'avió genera fluxos turbulents al seu voltant. El gran repte de l'enginyeria aeronàutica és aconseguir que aquests fluxos no frenin massa l'avió. Per això el disseny de l'avió ha de ser aerodinàmic. En general, els fluxos d'aire a l'atmosfera són turbulents, cosa que podem notar a l'avió quan el pilot ens demana que ens cordem el cinturó!

Una persona nadant en una piscina també és una situació de Reynolds relativament alt, 10.000. A cada moviment de braços i cames, el nadador genera turbulències al seu voltant que exerceixen una força de frenada. Una bona tècnica de natació busca minimitzar aquesta força.

Sens dubte, els experts mundials en natació a alt nombre de Reynolds són els peixos i animals aquàtics. Hi ha moltes tècniques de natació diferents. No naden igual els taurons que les balenes, les anguiles o les gambes. Però tots tenen una cosa en comú: l'optimització dels esforços. Si has vist mai nadar un peix, sembla que no faci res! Només mou el cos d'un costat a l'altre de manera elegant. La tècnica de natació dels peixos està dissenyada per aprofitar al màxim l'energia de cada moviment d'aleta. Però de res els serviria aquesta tècnica depurada si visquessin en un ambient amb un nombre de Reynolds molt baix.

La vida a nombre de Reynolds baix

El món a baix nombre de Reynolds desafia completament la nostra intuïció. És un món inexplorat, tant en la nostra vida diària com a la classe de física de l'institut. Potser ens han ensenyat què és la viscositat, però rara vegada ens hem plantejat com és el món quan la viscositat domina els moviments.

Malgrat que no el tinguem tan present, aquest món és on viuen totes les cèl·lules i els microbis que tenim al cos, per exemple. I no són pas pocs! Es calcula que podem arribar a tenir al cos tants microbis com cèl·lules humanes! Bacteris, algues unicel·lulars, amebes, les cèl·lules del nostre cos i tota mena de criatures menudes viuen en un món on el nombre de Reynolds és molt més petit que 1.

Les condicions que afavoreixen tenir un nombre de Reynolds petit són les contràries que abans: tenir un fluid amb una viscositat alta, que el fluid es mogui a una velocitat baixa i un nadador petit. En aquestes condicions el moviment té unes regles diferents i molt estranyes.

Per il·lustrar les rareses d'aquest món fascinant, tornem a l'exemple de la capbussada a la piscina a un Reynolds alt. Per poder propulsar-te endavant has de fer força amb les extremitats. Et pots preguntar: quant trigues a frenar-te completament en aigua? Quant trigaries en mel? En cada cas, quina distància recorres abans de frenar-te?

El 1977 el físic Edward Purcell va fer-se les mateixes preguntes però per a una situació molt concreta a un Reynolds baix. Es va imaginar què passaria si algú empenyés un bacteri en aigua. Va calcular que, després de l'empenta, el bacteri s'aturaria en una milionèsima de segon! I que, en aquest temps, recorreria una distància menor que la mida d'un àtom! Un bacteri és un milió de vegades més gros que un àtom. És a dir, la bestiola s'aturaria pràcticament al mateix instant que deixéssim d'empènyer-la. Això passa perquè, en el món microscòpic d'un bacteri, la inèrcia és petitíssima. En comparació, la força viscosa és tan gran que et frena immediatament. Aquesta imatge dona una idea clara del que vol dir no tenir inèrcia. Sense inèrcia només et pots moure mentre fas força. Quan deixes de fer força, t'atures a l'instant.

Per imaginar-se com deu ser nadar en aquestes condicions, Purcell va calcular com seria recrear una situació similar amb una persona. Hauríem de posar el nadador en una piscina de mel i, per si no n'hi hagués prou, li hauríem de prohibir moure els braços o les cames a més d'un centímetre per minut. Dur, oi?

Edward Purcell va resumir el gran problema de nadar a un Reynolds baix en un dels teoremes més frustrants de la mecànica de fluids: el teorema de la petxina.

El teorema de la petxina

Per nadar hem de fer moviments repetitius amb alguna part del cos. Per exemple, moure els braços endavant i endarrere. L'estratègia més senzilla possible és fer una certa trajectòria amb els braços primer cap endarrere i després fer exactament l'oposada cap endavant. Això és el que s'anomena un moviment recíproc.

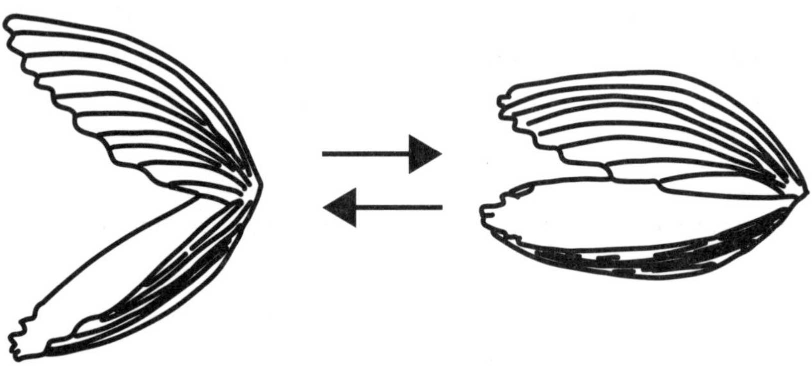

Figura 3: Il·lustració del teorema de la petxina. La petxina s'obre i es tanca recíprocament anant endavant i endarrere sense moure's de lloc. Dibuix de Mariona Esquerda Ciutat.

El problema és que, a un baix nombre de Reynolds, els moviments recíprocs et tornen a la casella de sortida. Si intentéssim nadar amb moviments recíprocs en el fascinant món de baix nombre de Reynolds, tot el camí que faríem en tirar els braços endarrere, el desfaríem en tornar-los endavant. Sona estrany, però de fet és lògic. Recordes el bacteri que s'aturava immediatament quan deixava de fer força? Doncs aquí igual: en un món sense inèrcia, quan aturéssim els braços ens aturaríem immediatament. I quan capgirem la trajectòria dels braços, també capgirem la nostra trajectòria com a nadadors.

Ara bé, les persones no nadem amb moviments recíprocs, així que Edward Purcell va pensar en un nadador molt particular: una petxina. Per nadar, la petxina primer s'obre i deixa entrar aigua dins seu, i després es tanca de pressa expulsant l'aigua del seu interior (Figura 3). L'aigua expulsada empeny la petxina. En resum, la petxina fa un moviment recíproc. Com una mena de tortura digna de la mitologia grega, la petxina fa un pas endavant i un enrere sense arribar enlloc. Purcell va descriure aquest fet com el teorema de la petxina, en anglès, *the scallop theorem*.

Els moviments recíprocs queden absolutament descartats com a estratègia de natació a baix nombre de Reynolds. Com s'ho fan, doncs, els microbis per nadar?

Esquivant la maledicció del teorema de la petxina

Malgrat que ens sembli molt estrany des de la nostra perspectiva antropocèntrica, els microbis estan totalment adaptats a viure a un Reynolds baix. El capítol anterior parla d'evolució i de com les espècies s'adapten al seu entorn. Aquí veurem les estratègies que han desenvolupat els microorganismes per nadar a un baix nombre de Reynolds. Aquestes estratègies són un clar testimoni de com l'evolució ha permès als microorganismes superar les limitacions imposades per la física de fluids en el món microscòpic.

Hi ha diferents estratègies. Aquí n'explicaré dues de les més comunes, anomenades col·loquialment l'estratègia del llevataps i la dels rems flexibles. Tant l'una com l'altra consisteixen a fer moviments no recíprocs.

Posem per cas un bacteri prou conegut: l'*Escherichia coli*, *E. coli* per als amics. Aquest bacteri viu als intestins d'alguns animals, incloent-hi els humans, i ens ajuda a digerir. Però com nada l'*E. coli*? L'*E. coli* nada fent servir un flagel, una mena de cua. Per poder esquivar la maledicció del teorema de la petxina i aconseguir moure's, l'*E. coli* mou el flagel en espiral, com si fos un llevataps. La clau és que aquest moviment no és recíproc: no fa trajectòries endavant i enrere pel mateix camí. L'espiral fa voltes en una direcció, i a cada volta avança una mica. Això és el que fa que puguem clavar el llevataps al suro, i també és el que propulsa l'*E. coli* endavant.

Una altra estratègia és remar. Alguns microbis estan recoberts d'una mena de pèls, anomenats cilis, que fan servir com a rems per nadar. Segons la maledicció del teorema de la petxina, moure rems endavant i endarrere no ens hauria de portar enlloc, perquè és un moviment recíproc. Però els cilis són rems molt especials perquè són flexibles i adopten una forma diferent quan es mouen endavant i quan tornen endarrere. Amb aquest truc n'hi ha prou per esquivar el teorema de la petxina i propulsar el microbi. A banda de fer de rems, els cilis d'alguns microbis també serveixen com a sensors. Poden detectar quines molècules hi ha al seu voltant i ajudar en el procés de decidir-ne el rumb. És a dir, els cilis fan de motor i de GPS alhora. No està gens malament!

I per què és important tot això?

Estudiar com nadar a baix nombre de Reynolds és un problema físic fascinant! Els biofísics ho fan basant-se en la mecànica de fluids. Les equacions que governen el moviment dels fluids, les equacions de Navier-Stokes, són també objecte de recerca per si soles en matemàtiques.

Però la natació a baix nombre de Reynolds no és només un repte físic i matemàtic. Tenir una teoria física per descriure els fluids ens permet entendre amb precisió el seu comportament. I això, com no pot ser d'altra manera, té aplicacions interessants. Equips de recerca d'arreu del món estan aplicant aquest coneixement per crear microrobots i nanorobots que siguin capaços de nadar a baix nombre de Reynolds, talment com si fossin bacteris. Una de les possibles aplicacions d'aquests robots minúsculs seria una autèntica revolució en el camp de la medicina. Per exemple, els nanorobots podrien transportar fàrmacs a través del torrent sanguini a la zona del cos on fossin necessaris, per exemple allà on hi hagi una infecció. El somni dels científics és aconseguir que aquests robotets puguin fer un repartiment porta a porta a escala microscòpica. Però no s'acaba aquí! Els microrobots també es podrien fer servir per moure cèl·lules. Per exemple, uns experiments recents han aconseguit que un nanorobot enganxi la cua d'un espermatozou i el porti cap a l'òvul. I això només és el principi! Qui sap què es podrà aconseguir en les properes dècades! El capítol 9 us ensenyarà com pot ser de revolucionària la medicina personalitzada i de precisió.

La nostra vida és extremament més confortable gràcies als avenços tecnològics. Tota la meravellosa tecnologia que fem servir cada dia es fonamenta en la roca dura de coneixement científic bàsic que la humanitat ha anat acumulant. Ens hem beneficiat del descobriment de l'electró, de l'estructura de l'ADN o de saber per què brillen les estrelles. Ara tenim aparells electrònics, teràpies genètiques i centrals nuclears. Som humans: la curiositat ens fa empènyer les fronteres del coneixement, i la necessitat, aplicar-lo.

8

El càncer i la capsa de Pandora

Víctor Jiménez Martínez

El càncer és un fenomen extremament complex. Fa por, sí, però entendre'l és necessari i l'esperança mai no es perd. I quan ens hi posem, entrem en un món plural i heterogeni, on totes les branques de la biologia semblen xocar per portar-nos a les fronteres del coneixement. Definir el càncer com a entitat és una tasca que comporta obrir-se a tots els factors que hi tenen un paper important, des de les cèl·lules en divisió que formen un tumor fins a la capacitat d'invasió d'altres teixits, passant pel paper del sistema immunitari.

En aquest capítol fem un viatge per entendre exactament des de quan tenim relació amb el càncer i què suposa que les cèl·lules es divideixin sense control. Entre els enigmes i els aspectes més definitoris d'aquesta patologia, acabem preguntant-nos per què hi ha animals que són resistents al càncer.

Segur que quan Pandora, impulsada per una seductora curiositat, va obrir la capsa que alliberaria totes les desgràcies imaginables que poden caure sobre l'ésser humà, el càncer va ser un d'aquells mals fugitius. I és que no m'agradaria començar a parlar d'aquest fenomen sense esmentar una de les obres més admirables que s'han escrit sobre el tema: *L'emperador de tots els mals* (2010), del mundialment reconegut oncòleg i divulgador Siddhartha Mukherjee. Aquest llibre, que li va valdre un premi Pulitzer, és un retrat del càncer que ens porta de viatge per la seva història, biologia i tractaments des d'un punt de vista científic i personal. Però on vull anar a parar és al títol, alhora encertat i obvi. L'autor recorre a una retòrica bel·licista per justificar-lo:

> En cert sentit, això és història militar —però en la qual l'adversari és amorf, atemporal i omnipresent—. Aquí també hi ha victòries i derrotes, campanyes sobre campanyes, herois i arrogància, supervivència i resistència —i, inevitablement, hi ha ferits, condemnats, oblidats i morts—. Al final el càncer emergeix, com ja un cirurgià del segle XIX va descriure al frontispici d'un llibre, com «l'emperador de tots els mals, el rei del terror».

Una guerra contra el càncer. Un tòpic molt estès, on ens trobem molt a gust —inclòs un servidor— i que, portat a l'extrem, pot suposar la deshumanització de la malaltia. M'agradaria trencar el tòpic en favor de l'esperança. Recordem que l'acció de Pandora té lloc com a càstig dels déus, després que Prometeu lliurés el foc als humans. El foc que, més enllà d'una eina material, simbolitza la vida, l'energia i l'enginy humà. No oblidem, també, que quan els mals van abandonar la capsa, al fons s'hi va quedar, amb recel, l'esperança. Perquè el càncer és, al capdavall, una història d'esperança que ens ha obligat a explorar les fronteres del coneixement per enfrontar-nos a la nostra realitat i mirar-nos a nosaltres mateixos. Potser hem d'agrair a Prometeu i a Pandora la capacitat d'utilitzar el foc i de no abandonar mai l'esperança que se'ns ha guardat.

Per assenyalar la magnitud del tema que ens ocupa, sempre és bo començar amb números. Es calcula que l'any 2020, a escala mundial, es van diagnosticar prop de 18 milions de casos de càncer i va haver-hi 9 milions de morts relacionades. Dels casos diagnosticats, el top 5 dels més freqüents està constituït pel càncer de mama, seguit pel de pulmó, colorectal, de pròstata i d'estómac, mentre que els responsables de més defuncions van ser el de pulmó, seguit pel colorectal, l'hepàtic, el d'estómac i el de mama. Tot això converteix el càncer en una de les principals malalties que pateix l'ésser humà. En un pla més proper, s'estima que els casos diagnosticats a Espanya se situen entre 250.000 i 300.000 l'any 2022, amb prop de 110.000 morts l'any 2020, cosa que el converteix en la segona causa de mort, només superada per les cardiopaties. Aquestes dades, però, poden variar en la realitat degut a les complicacions de la pandèmia aquests últims anys. Malauradament, les estimacions ens diuen que aquests nombres no faran més que augmentar en les pròximes dècades. Encara que aquesta realitat ens pugui semblar esgarrifosa, hem de ser-ne conscients i, com deia abans, no abandonar l'esperança. La supervivència al càncer a Espanya està per sobre del 50 % als 5 anys del diagnòstic —és a dir, més de 5 de cada 10 persones continuen vives 5 anys després de detectar-los la malaltia—, una xifra que s'ha duplicat en els últims 40 anys i que, es preveu, seguirà creixent. Una malaltia amb un abast tan gran amaga tot un món de secrets que hem estat intentant descobrir des del principi dels temps i que comencem a desembrollar tot just ara. Ens hi endinsem?

Dels dinosaures als primers metges: per què el càncer es diu càncer?

El càncer no és un mal exclusivament humà. Quasi tan universal com l'envelliment, ha acompanyat moltes espècies al llarg de la història evolutiva del nostre planeta. I precisament en aquest fet hi trobem un interessantíssim aspecte a tractar, i és que el càncer no afecta igual totes les espècies. Com ja hem vist al capítol anterior, la mida sí que importa, i no és diferent quan es tracta d'aquesta patologia, però d'això ja en parlarem.

Tornant a la història, una cosa que ens pot ajudar a imaginar com és de comú el càncer en la vida és que s'han trobat evidències de tumors en fòssils de dinosaures que van viure fa aproximadament 70 milions d'anys. I, si no volem tan lluny, els fòssils dels humans prehistòrics també ens han mostrat que van patir aquest mal. No és estrany, doncs, que en tinguem proves escrites des de l'antiguitat. Per anar a la referència més antiga sobre el càncer trobada fins ara ens hem de remuntar a l'antic Egipte. En papirs com ara els d'Edwin Smith i George Erbers, descoberts al segle XIX, hi trobem descripcions mèdiques per a tractaments i cirurgies —incloent-hi algunes fórmules màgiques— on podem identificar alguns dels casos recopilats com a tumors, titllats d'incurables. Aquests papirs daten d'aproximadament l'any 1500 aC i, de fet, es pensa que poden estar basats en materials molt més remots. Algunes hipòtesis afirmen que el papir d'Edwin Smith seria obra d'Imhotep, sacerdot i encarregat de la construcció de la primera piràmide, cap a la primera meitat del tercer mil·lenni abans de Crist.

Més literalment, l'origen del càncer ens el dona el considerat pare de la medicina occidental: Hipòcrates de Kos. Aquest fisiòleg grec, que va viure entre els segles V i IV aC i a qui devem les bases de la pràctica mèdica actual, va emprar els termes *karkinos* i *karkinoma* per descriure tumors. Amb les arrels d'aquestes paraules, referides a *cranc*, hi ha diverses hipòtesis sobre per què se li va posar aquest nom. Hi ha el fet que un tumor és molt dur al tacte, i per tant és possible que a Hipòcrates li recordés la closca del cranc. Però també podria haver sorgit com un símil entre el dolor i la tenacitat amb què et pinça un cranc i el mal i la persistència amb què afecta un tumor. Sabem que la metàfora la va acabar de desenvolupar més tard un altre pare de la medicina, Galè (entre els segles II i III dC), que observant càncers de mama va notar certes projeccions en expansió en els teixits que recorden les potes de l'animal, i així va quedar establert el nom. En essència, això no ens mostra sinó un aspecte característic de la seva biologia, que explorarem més tard. D'altra banda, també trobem l'arrel *onkos* per referir-se a les malalties que produeixen masses de teixit, i que avui traduïm per «tumor». Per cert, va ser el fisiòleg romà Aule Corneli Cels, entre el segle I aC i el segle I dC, qui va traduir les paraules al llatí i va usar *carcinos* i *carcinomas* per descriure tumors invasius intractables. Al final, va batejar-los definitivament per a la resta de la història: *cancer*.

La nostra convivència amb el càncer és molt llarga, i la història de com l'hem descrit, tractat i estudiat és un exemple més de dues capacitats inherentment humanes: la cura dels altres i la set de coneixement. Ara, però, un cop desemmascarat el seu nom, explorem aquesta malaltia amb propietat.

Entre l'equilibri i el desequilibri

Si bé és veritat que ens imaginem aquesta malaltia com un fenomen singular, hem de saber que la paraula «càncer» agrupa en realitat un conjunt molt heterogeni de malalties. Per fernos-en una idea, n'hi ha més de 200 tipus, i fins i tot dins dels grans grups n'hi ha de molts tipus i subtipus. Per concretar en un cas podem pensar en els càncers de la sang, que engloben malalties com les leucèmies, els limfomes, els mielomes i un llarg etcètera que, alhora, poden tenir diverses classificacions amb variats comportaments clínics. És com un gran arbre amb tot de ramificacions que porten a llocs diferents, i que no fa més que dir-nos que aquest és un món complex que requereix una visió curiosa i curosa. Ara bé, si totes aquestes afeccions s'agrupen dins del càncer és perquè una sèrie de trets comuns ens permeten explicar-ne els motius i el funcionament bàsic.

Tot el nostre organisme està format per cèl·lules que s'organitzen en teixits diferenciats amb funcions concretes. Les cèl·lules, com a unitat bàsica de la vida i una mica com qualsevol animal, tenen un cicle vital: el cicle cel·lular. És a dir, es repliquen, creixen, fan les seves tasques, interaccionen amb l'ambient i continuen dividint-se. Tot això és quasi tan important com el fet que tenen la capacitat de programar la seva mort quan hi ha algun dany o ja han complert la seva funció —procés conegut com a apoptosi—. Aquest cicle està delicadament regulat per molts factors que marquen el ritme d'aquests processos, ja sigui per a la renovació o el manteniment dels teixits o per evitar danys greus.

Quan hi ha afectacions importants en els mecanismes que controlen el cicle cel·lular, es desencadena una divisió cel·lular sense control. En aquest punt la mort cel·lular comença a fallar i les cèl·lules es repliquen contínuament sense parar i van acumulant-se. Aquest és el tret de sortida per a la formació del tumor, que no és més que una aglomeració anormal de cèl·lules. Si creix una mica i queda ben definit localment, ens trobem davant d'un tumor benigne. Fins aquí s'havia fet un ús indistint dels termes «càncer» i «tumor», però no tots els tumors deriven en malaltia. Ara bé, si amb el temps el tumor progressa, és a dir, va adquirint més canvis i característiques que són perjudicials i que li permeten créixer i expandir-se, deriva en un tumor maligne (càncer), amb la capacitat d'envair altres teixits i òrgans. Aquesta capacitat de creixement indefinit i invasió és el que marca la diferència, i és el que coneixem com la temuda metàstasi —el fenomen en què el tumor es reprodueix en llocs llunyans al seu origen i que podem culpar com a principal motiu de mort per càncer—. És fascinant pensar que la vida treballa contínuament per mantenir el seu intricat i preciós funcionament, com en una espècie de ying i yang en què l'equilibri i el desequilibri es complementen estretament.

En aquest sentit, els danys que desregulen el cicle cel·lular semblen ser els factors claus d'aquest trencaclosques. I és que l'adquisició dels danys que provoca un càncer està fortament influenciada per factors externs. Són aquells elements reflectits en l'ambient i els hàbits de vida i que ens adverteixen de la importància de les tècniques de prevenció i diagnòstic, ja que en gran manera són modificables o evitables.

L'alimentació, l'alcohol, el tabac, els agents químics, la radiació solar i les infeccions són exemples d'aquests factors externs que poden actuar com a carcinògens (generadors de càncer). Així, una exposició intensa o molt prolongada a aquests agents externs pot acabar causant mutacions genètiques a les cèl·lules. Aquestes mutacions —canvis en la seqüència de l'ADN, que vindria a ser com el codi d'un programa que té la informació per funcionar— poden no fer res o afectar els mecanismes esmentats i donar lloc al descontrol. És molt senzill fer-nos una idea de la importància dels nostres hàbits. Ja l'any 1981, els reconeguts epidemiòlegs Sir Richard Doll i Richard Peto afirmaven que al voltant d'un de cada tres casos de càncer es poden explicar per influència de la dieta. Si a això hi sumem el tabac, podem veure que una gran part del mal el causen dos factors que podem evitar i controlar al llarg de la vida (deixant de banda els factors socioeconòmics que ens porten a un estil de vida o a un altre).

Però que el càncer es desenvolupi a partir de problemes en el material genètic —mutacions— no vol dir que sigui hereditari. De fet, només un 5 % dels càncers ho són, aproximadament. Més concretament, podem dir que un càncer és hereditari en els casos en què s'hereten gens ja mutats, cosa que incrementa la predisposició a patir algun tipus de càncer. Un exemple paradigmàtic el trobem en el càncer de mama, per al qual es té una gran predisposició si s'hereta algun defecte en un gen anomenat *BRCA*. Tot i això, en general les mutacions provocades pels factors externs afecten el nostre cos i no les cèl·lules reproductores i, per tant, no tenen per què passar a la descendència. Podem explorar a fons com una mutació pot portar al descontrol amb un exemple molt paradigmàtic: el de la proteïna p53. Aquí «proteïna» fa referència al conjunt de molècules que, com les fàbriques d'una ciutat, porten a terme reaccions i processos dins de la cèl·lula. D'aquest i més conceptes en parlàvem al segon capítol!

Una guardiana per controlar-los a tots: la paradigmàtica p53

El *TP53* (de l'anglès *tumor protein* 53) és un gen que codifica per a la proteïna p53. Constitueix un dels anomenats gens supressors de tumors —l'activitat dels quals contribueix a evitar la divisió descontrolada—, i es troba mutat en aproximadament el 50 % dels càncers. Per aclarir-nos, les mutacions en aquest gen, que com hem dit canvien la seva seqüència d'ADN, acaben per suposar que la seqüència de la proteïna es vegi alterada —i per tant, en més o menys grau, la seva estructura—, cosa que n'afecta la funció normal. És com si un error en els plànols fes que la cadena de muntatge manufacturés un producte defectuós. Tan important és, que des que es va descriure per primer cop l'any 1979 s'ha guanyat el sobrenom de «guardiana del genoma». I no és pas poc escaient.

Com el mateix títol indica, la principal funció de la p53 és mantenir la integritat del conjunt de material genètic de la cèl·lula, allò que en diem genoma. Per fer-ho, evita alteracions que poden derivar en el desenvolupament de càncer. Aleshores, com a bona guardiana, quan la cèl·lula pateix una lesió, la p53 és l'encarregada de decidir si el mal es pot reparar o si, contràriament, cal posar en marxa l'apoptosi —que, recordem-ho, és la mort cel·lular programada—. Això és possible perquè la p53 actua activant l'expressió d'altres gens per portar a terme les accions requerides segons la situació.

Afortunadament, la p53 no està sola i té tota una sèrie de companys que l'ajuden. Algunes proteïnes supervisen l'ADN per detectar-ne mutacions, i quan detecten un problema poden avisar i activar la p53. Un cop activa, com ja hem dit, estimula alhora altres gens, entre els quals gens que provoquen una parada del cicle cel·lular. Aleshores, la cèl·lula no podrà dividir-se fins que els problemes no s'hagin solucionat i així s'evita la propagació dels errors. Entre els gens que activa, també hi ha gens reparadors d'ADN, que intentaran solucionar el mal causat. Ara bé, si el mal és molt greu, o persisteix després d'intentar reparar-lo, la cèl·lula ho detecta com a irreparable i indueix la mort cel·lular. És meravellós: en un acte d'amor col·lectiu, la cèl·lula se sacrifica per protegir totes les seves veïnes i sobretot l'organisme sencer abans que el perill s'acabi escampant per tot el teixit.

D'altra banda, també hi ha mecanismes que inhibeixen l'acció de la p53. És ella mateixa la que pot induir la seva desactivació i evitar anar massa lluny si el mal s'arregla. A més, en una situació normal, també es troba inactiva per no interrompre el cicle cel·lular sense necessitat.

I així, quasi sense adonar-nos-en, acabem de submergir-nos en el sistema de senyals que utilitzen les cèl·lules per coordinar totes les seves activitats, el fantàstic i complex món de la senyalització cel·lular. Però recapitulem: un agent extern causa una mutació a l'ADN —que podria ser perillosa i acabar fent mal—, la cèl·lula la detecta i avisa la p53 perquè l'arregli i, si no pot, activi l'apoptosi. Entès això, les mutacions que afecten la p53 normalment trunquen la seva capacitat d'unió a l'ADN —i, per tant, l'activació de tota la maquinària que para el cicle i repara els errors— o provoquen una inhibició permanent. Si la p53 no funciona, no s'arreglen els errors ni s'activa l'apoptosi, i la cèl·lula es divideix i acumula aquell error sense control.

Gens i més gens

Com veiem, la p53 té una importància crucial. Però no ens confonguem, el desenvolupament d'un tumor maligne és veritablement enrevessat. També hi ha els anomenats oncogens, que, al contrari que els gens supressors de tumors, són aquells que quan muten pateixen una hiperactivació i estimulen la divisió cel·lular (un exemple important seria *NRAS* en molts tipus de càncer). Per fer-nos-en una idea, s'ha comprovat que diverses mutacions poden contribuir a desenvolupar un càncer en més de 700 gens. En perspectiva, l'estimació és que el nostre genoma conté aproximadament 25.000 gens en total, i per tant aquests *gens de càncer* constitueixen quasi un 3 % del nostre genoma. El cas de la p53 és un cas important, però no és més que la punta de l'iceberg en un mar sencer per descobrir. Amb tot, ens trobem que la realitat és que es requereixen molts esdeveniments en diversos gens —en diem *hits*, en anglès, com les cançons d'èxit, i és el terme que farem servir d'ara endavant—, que de manera progressiva vagin alterant i perfilant la cèl·lula cap a un estat maligne. A més, hem de considerar que tenim dues còpies de cada gen: en alguns casos, si una còpia muta i no funciona, tenim l'altra.

I això no és tot. A la quantitat de gens afectats per mutacions, encara hi hem de sumar tots aquells que s'hi veuen implicats indirectament. Quan un gen muta i, per tant, veu truncada la seva funció normal, fa que altres gens també canviïn de comportament. Podem imaginar-ho com una xarxa social en què els gens interaccionen entre si. Així, tenim milers de gens que, d'una manera o altra, tenen algun paper en el manteniment i creixement del tumor. Encara que això sembli complicar-nos la vida, també juga a favor nostre. El perfil d'un tumor i els gens que se'n veuen afectats —siguin mutacions o altres alteracions— no només ens faciliten informació sobre el funcionament del càncer, sinó també coneixement sobre com pot evolucionar i afectar el pacient. És a dir, es poden classificar els tumors en funció del seu perfil molecular per saber, per exemple, si són més agressius o menys o si responen davant alguna teràpia concreta. I què millor per visualitzar això que un exemple, tornant de nou al càncer de mama.

D'acord amb l'expressió d'alguns gens, trobem quatre subtipus de càncer de mama, tots amb diverses implicacions clíniques. En tenim dos tipus que en diem luminals, luminal A i luminal B, que constitueixen el 75 % - 80 % de tots els casos d'aquest càncer. Tots dos expressen receptors d'estrogen, cosa que implica que les cèl·lules tumorals reben contínuament senyals per no parar de dividir-se (i créixer). Tanmateix, tenen pronòstics diferents. El luminal A, que suposa més de la meitat dels casos luminals, és el subtipus amb més bon pronòstic perquè té molt bona resposta a la teràpia d'hormones —que inhibeixen els receptors d'estrogen i així paren els senyals de proliferació—. Contràriament, el luminal B és menys freqüent però més agressiu, tot i que també es beneficia de la teràpia d'hormones i de la quimioteràpia. La diferència entre els dos casos és que el luminal B activa més gens relacionats amb el cicle cel·lular, cosa que el porta a tenir senyals proliferatius més forts. Deixant de banda els luminals, trobem un tipus de tumor anomenat HER2 positiu, que ja pel nom ens avisa de l'expressió del gen *HER2*, que també envia senyals a les cèl·lules perquè proliferin. Comparat amb els anteriors, aquests casos tenen un pitjor pronòstic, però afortunadament s'han dissenyat teràpies que en bloquegen l'acció i responen positivament a quimioteràpia. Finalment, trobem els casos triple negatius, que, a diferència de tots els anteriors, no expressen ni receptors d'estrògens, ni gens de proliferació ni HER2. Constitueixen un 10 % - 15 % dels càncers de mama i són el tipus més agressiu i amb més perill de recurrència. La causa és que són difícils de tractar, ja que no s'hi poden aplicar les mateixes teràpies que en els anteriors; però algunes quimioteràpies i immunoteràpies semblen millorar la situació.

Així doncs, veiem com conèixer l'entramat de gens que perfilen un tumor ens permet, més enllà d'entendre la seva biologia, obtenir una informació extremament valuosa sobre com i amb què tractar-los. Les cèl·lules del tumor parlen, i nosaltres les hem d'escoltar.

Ampliant les fronteres del càncer

Ara que ens imaginem el tumor com una massa uniforme de cèl·lules malignes que creixen sense control, encara hem de trencar els esquemes i anar més lluny: un càncer no és només un conjunt de cèl·lules que es divideixen, sinó més aviat com una ciutat, amb hàbitats heterogenis de moltes poblacions diferents amb diversos orígens i funcions. Un tumor suposa, doncs, la formació de tot un ecosistema que ens obre les portes d'un món plural: el del microambient. Tan de moda avui en dia per la seva importància, aquest microambient —que no seria més que tot allò que acompanya les cèl·lules canceroses— inclou des de cèl·lules del sistema immunitari fins a, sorprenentment, bacteris i fongs. Com el vell dilema de l'ou i la gallina, la participació de tots aquests actors en l'aparició i progressió de la malaltia estaria a la frontera de les causes i les conseqüències. Però una cosa és clara: aquest ecosistema existeix com a part constituent del tumor permetent el manteniment i l'expansió de les cèl·lules canceroses.

Arribats a aquest punt, no podem negar la complexitat d'aquest fenomen i la difícil tasca que suposa definir-lo. Amb tants factors i esdeveniments que ens poden portar per camins del tot diferents, és necessari establir un terreny comú i sòlid que agrupi tots els càncers. És així com neixen les marques distintives del càncer. L'any 2000, els científics Douglas Hanahan i Robert Weinberg van proposar-se enumerar-ne les característiques comunes a través dels nombrosos tipus. La seva sèrie d'articles *The hallmarks of cancer* (les marques distintives del càncer) va arribar amb la primera publicació, que va tenir una continuació l'any 2011 i una tercera part el 2022. Un exemple excel·lent de l'avenç del coneixement científic al llarg del temps, sempre provisional i perfectible, ens mostra com les evidències permetien afirmar al principi sis marques distintives, que es van ampliar a vuit i, actualment, a dotze. Podem considerar aquestes dotze característiques com els pilars que sustenten l'entitat que nosaltres entenem com a càncer.

2000	Manteniment de senyals proliferatius
	Evasió de supressors de creixement
	Resistència a la mort cel·lular
	Capacitat de replicació immortal
	Inducció i accés als vasos sanguinis
	Activació de la invasió i metàstasi
2011	Evasió de l'acció del sistema immunitari
	Reprogramació del metabolisme cel·lular
2022	Reprogramació epigenètica
	Senescència cel·lular
	Alteració dels microbiomes
	Plasticitat fenotípica

En un inici aquest llistat es va centrar sobretot en tot allò que permetia a les cèl·lules canceroses dividir-se il·limitadament, evitar la mort cel·lular i activar la metàstasi. Aquesta dispersió a altres teixits és possible en part gràcies a un procés pel qual s'atrau la formació de vasos sanguinis en el tumor: l'angiogènesi. Així, les cèl·lules canceroses passen a la sang i allà poden circular fins que troben un altre teixit on poden entrar i reproduir el tumor. I aquí trobem les potes en expansió del cranc —que posa nom a aquesta malaltia— des de la seva cuirassa.

Més tard i més enllà de les cèl·lules canceroses, la immunitat va erigir-se en una gran protagonista. El sistema immunitari és l'encarregat d'identificar i respondre davant d'agents estranys potencialment perjudicials. Tot allò que no es reconeix com a propi està subjecte a una inspecció. Sense entrar gaire en el detall, les cèl·lules tumorals també poden ser identificades com a estranyes i, d'aquesta manera, ser eliminades. Un cicle natural d'immunitat contra el càncer és de fet un dels principals mecanismes que tenim per evitar la progressió de tumors malignes. Evidentment, la seva existència ens diu que en algun punt el sistema immunitari es veu superat. Gràcies a mecanismes d'evasió immunitària, el càncer pot amagar-se o suprimir l'acció de les defenses naturals, i fins i tot fer-les còmplices en favor seu. Tan important és, que el restabliment i reforçament d'aquesta immunitat natural és el fonament de les immunoteràpies.

El sistema immunitari és un dels molts aspectes que s'interconnecten en aquesta cruïlla que és el càncer, com també han demostrat factors com ara el metabolisme, l'epigenètica i els microorganismes del cos. Amb tot, fallen tantes coses en el nostre cos que més aviat ens hauríem de preguntar com pot ser que no tinguem càncer cada dia. La resposta a això la té un altre vell —mai més ben dit— conegut del qual sí que no podem escapar: l'envelliment.

Per què els elefants no tenen càncer? L'edat i la mida sí que importen

Definit com una disminució de la fertilitat i un augment de la mortalitat a mesura que avança l'edat, l'envelliment no és res més que el resultat de l'acumulació de danys a les cèl·lules al llarg del temps. Igual que una ciutat, les cèl·lules necessiten manteniment, perquè el temps va fent estralls. Al llarg de l'evolució, els humans i moltes altres espècies hem desenvolupat eines molt eficients que permeten arreglar errors greus abans que sigui massa tard. Són, per exemple, els mecanismes de reparació de l'ADN, dels quals ja hem parlat, l'apoptosi o l'acció del sistema immunitari. Quan el cos és jove, aquests mecanismes solen funcionar prou bé. No obstant això, sigui perquè es van acumulant mutacions que al principi no semblen dolentes o perquè és més eficient que els nostres recursos vagin destinats a sobreviure i reproduir-se que no pas a evitar tots els danys cel·lulars, els errors es van acumulant i els mecanismes acaben fallant. Lent i perseverant, el temps ens va envellint i nosaltres acumulem mutacions que es van sumant. Al final, com més errors, més probable és que alguns acabin afavorint la progressió d'un tumor. Són els *hits* que hem esmentat. Els factors externs, tal com s'ha explicat, poden provocar i accelerar un tumor independentment de l'edat, de la mateixa manera que l'envelliment no implica necessàriament desenvolupar un càncer (però sí que n'augmenta la probabilitat). El món és ple de tonalitats.

No és fins que estirem una mica el fil que aixequem la vista per mirar més enllà de nosaltres mateixos. I ara, amb tot el bagatge acumulat en la nostra comprensió del càncer, podem tornar al principi, quan dèiem que el càncer no afecta de la mateixa manera totes les espècies, i seguir de prop aquesta afirmació. En recerca, l'organisme model per excel·lència és el ratolí, en part perquè són molt més propensos a patir càncer. La clau aquí la trobem en el nombre de *hits* que les seves cèl·lules necessiten per transformar-se en malignes. Els humans en necessitem més que els ratolins, perquè els ratolins no tenen tantes defenses davant d'aquests canvis.

Són dues les peces que ens ajuden a completar aquest puzle: la longevitat i la mida de les espècies. Per una banda, no és el més comú desenvolupar un càncer abans d'arribar a l'edat reproductiva —que en humans podríem establir entre els 15 i els 50 anys—, sempre amb excepcions. Tot i que al final l'envelliment guanya la partida, els milions d'anys d'evolució han fet sorgir i han seleccionat aquells mecanismes que eviten els errors i els arreglen de manera eficient. En definitiva, com més longeva és l'espècie, més mecanismes té per viure sense càncer durant més temps. Els humans normalment triguem dècades a desenvolupar un càncer. D'altra banda, la mida pren una importància inesperada en aquest paisatge. Si ens hi parem a pensar, com més gros és un animal, més cèl·lules té i més probable és que alguna pateixi tots els *hits* necessaris per esdevenir tumoral. Però la realitat no és així: els humans tenim mil vegades més cèl·lules que els ratolins, i en comparació no tenim més càncer. Aquest engany de la natura es coneix com a paradoxa de Peto, proposada l'any 1977 per Richard Peto. La solució seria que les espècies més grosses haurien desenvolupat més mecanismes per contrarestar aquest fet i resistir al càncer. Anant-nos-en a l'extrem, espècies animals com els elefants, la balena de Groenlàndia o la rata talp cega són extremament resistents al càncer i alhora grosses i/o longeves.

I ara et deus preguntar què fan concretament per evitar el càncer. Podríem considerar dues estratègies. Alguns animals, com ara la balena de Groenlàndia (*Balaena mysticetus*), que és el mamífer més longeu (pot viure fins a dos-cents anys!), tenen mecanismes de reparació de l'ADN extremament eficients. Hi ha menys mutacions (*hits*) que acaben fixant-se a l'ADN perquè, quan succeeixen, es reparen ràpidament. Contràriament, un altre mecanisme confia en els gens supressors de tumors. El secret dels elefants, sense anar més lluny, és que tenen moltes còpies de p53 i més ben adaptades, cosa que els fa menys propensos a una fallada de la seva acció. Si hi ha algun *hit*, la p53 el detecta fàcilment i actua per evitar cap progressió.

Ja per acabar...

Aquesta diversitat que ens ofereix la natura ens permet conèixer millor la realitat. Saber quines proteccions o mecanismes fallen en els humans, en comparació amb altres espècies, pot resultar clau en el disseny de noves teràpies. El càncer suposa, de fet, un món terapèutic d'una diversitat exquisida, amb opcions que van des de la cirurgia fins a les ja conegudes quimioteràpies i radioteràpies, passant per les innovadores immunoteràpies, a més de poder esperar un futur d'enginyeria genètica. A la multitud d'opcions farmacològiques disponibles hi hem d'afegir que l'any 2022 es comptaven més de mil nous fàrmacs en desenvolupament en la indústria farmacèutica. La innovació i el coneixement ens permeten esperar una baixada de la mortalitat i una millora de la cura dels pacients.

Hem vist com el càncer és una entitat complexa, amb infinitat de capes que constitueixen el punt neuràlgic on sembla encreuar-se tota la biologia: des de la biologia molecular fins a l'evolució, passant per la immunologia, la genètica i la microbiologia. A tot això hi hem d'afegir una capa més: no totes les cèl·lules tumorals són iguals entre si dins d'un mateix tumor. Així, tenim un mosaic encara més complex de cèl·lules canceroses amb personalitats diferents quant a l'evolució de la malaltia i la teràpia. Una cosa ha de quedar clara, doncs, i és que l'heterogeneïtat, en tots els seus vessants, és una característica inherent al càncer. El càncer representa, per sobre de tot, un món de matisos que ens obliga no a buscar una cura, sinó a buscar-ne moltes, cadascuna adaptada a la realitat del tumor individual. Però això ja és el domini de la medicina personalitzada. Mentrestant, seguirem guardant l'esperança per tots aquells que no van poder.

9

Una sabata a la teva mida

Cèlia Ventura i Gabarró

Un món on tothom porti sabates del mateix número ens pot semblar una distopia d'allò més estranya, però en l'àmbit de la medicina no ho és pas. Durant segles, s'ha tractat pacients molt diferents amb el mateix tractament, i aquest paradigma no ha canviat fins que no ha entrat la medicina personalitzada amb l'objectiu de revolucionar-ho tot. Llegeix aquest capítol per descobrir com seria un món on la medicina s'ajustés a cada pacient, i si aquest pot ser un futur realista o no és més que una utopia.

No n'hi ha dos d'iguals

Tal com deia una família cèlebre fa uns anys, «tots som súpers, tots som grans, siguem petits o gegants; tots som tan originals, no en trobareu pas dos d'iguals». Tot i que la part de ser súpers pot ser una mica complicada de comprovar, i la mida és una qüestió de perspectiva i subjectivitat, l'última frase és una veritat com una catedral. Tots som únics. Segurament ja saps que la teva empremta dactilar és irrepetible, o potser a vegades entres en cavil·lacions filosòfiques sobre si quan penses en el color vermell és el mateix vermell que m'imagino jo. Som diferents en molts aspectes, però en aquest capítol ens centrarem en la salut.

Fem feliços els científics i descriguem-ho d'una manera una mica més il·lustre. Hipòcrates, el pare del jurament hipocràtic i la medicina occidental, i qui va donar nom al càncer, com hem descobert en el capítol anterior, va descriure-ho amb el terme «idiosincràsia». Els éssers humans som diferents, i aquestes individualitats, aquestes idiosincràsies, afecten la predisposició a malalties i la resposta als tractaments. És clar que ell també creia que estem fets d'humors (no pas de bon i mal humor sinó de quatre substàncies): la bilis negra, la bilis groga, la flegma i la sang. La seva teoria, que va formar part de la medicina fins al segle XIX, era que si aquests humors no estaven en equilibri deixaven la porta oberta a les malalties. Si bé és cert que Hipòcrates no va encertar exactament com funciona el nostre cos, sí que va encertar de ple a l'hora de descriure la nostra idiosincràsia: tots som diferents.

Tot i que el concepte de la nostra singularitat va aparèixer ja al segle IV aC, no sempre l'hem pogut aplicar. La medicina ha seguit durant anys una estratègia poblacional, buscant la manera de tractar un grup de persones, sense centrar-se en l'individu. És a dir, quan estem malalts, rebem el tractament que, de mitjana, funciona millor en la població, encara que potser no sigui el millor per a nosaltres.

Per dir-ho amb una imatge, és com si decidíssim que, com que la talla de sabates més utilitzada és el 42, només hauria d'existir calçat d'aquesta mida. Sí, una part de la població, jo inclosa, estaria contenta perquè ens aniria com la seda. Tanmateix, un percentatge de gent considerable, els qui se situen entre el 40 i el 43, no farien un gran rebombori, potser el calçat els aniria una miqueta massa ample o ajustat, però no seria la fi del món. Però després hi hauria aquells a qui les sabates els ballarien de mala manera o els qui, a l'estil de les germanes de la Ventafocs, s'haurien de tallar el taló per poder encaixar-hi els peus. La medicina, potser d'una manera una mica menys escabrosa, fins ara ha seguit aquest model. Des d'una aspirina per al mal de cap fins al tractament per a l'Alzheimer, tot està ideat com una talla única que serveixi per a tothom.

Per aquest motiu, la medicina personalitzada arriba amb la intenció de revolucionar el paradigma. El model posa sobre la taula el fet, ras i curt, que tenim peus de talles diferents, i, per tant, necessitem sabates diferents. És a dir, planteja que en lloc de receptar el medicament típic, s'han d'estudiar les necessitats concretes del pacient, recordant que és únic, per tal d'ajustar el tractament tan bé com sigui possible.

L'altra cara de la moneda

Fins aquí hem destacat que tots som irrepetibles, i això es tradueix en el fet que el mateix medicament pot no tenir el mateix efecte en diferents persones. Hem entès que la medicina personalitzada se centra en l'individu, i per això també s'anomena medicina individualitzada. Però això només és una cara de la moneda.

Quan t'empasses una pastilla, hi ha dos grans agents que interaccionen amb aquest medicament: el nostre cos i la malaltia. I aquí és on trobem l'altra cara de la moneda. La malaltia també pot ser única i reaccionar diferent al tractament estàndard. És per això que la medicina personalitzada busca, per una banda, entendre l'individu i, per l'altra, entendre la malaltia.

Sense més preàmbuls, tirem-nos a la piscina i descobrim la primera part d'aquesta nova disciplina: com la malaltia personalitzada tracta cada malaltia d'una manera específica.

Trencant el motlle

Aprofitant que en el capítol anterior se'ns han presentat els càncers, centrem-nos en aquests. Realment el concepte «càncer» és un calaix de sastre amb molts tipus i subtipus diferents. No es tracta només de diferents òrgans afectats sinó també de quin és l'origen de la malaltia. Per exemple, la leucèmia és la forma del càncer que afecta les cèl·lules sanguínies, però hi ha moltes vies diferents que poden portar un glòbul blanc (leucòcit) a formar un tumor. Com s'explicava unes pàgines enrere, hi pot haver moltes mutacions, *hits*, que portin al mateix resultat; o al que ens pensàvem que era el mateix resultat.

Agafem el cas de la leucèmia mieloide crònica (LMC) —i pren apunts, que això sortirà més endavant—. Aquest tipus de leucèmia és causat per una fusió anormal de dos gens que en creen un de nou. El nou gen codifica una proteïna que anima la cèl·lula afectada a dividir-se de manera descontrolada i porta al càncer.

Inicialment, la LMC era tractada de forma genèrica amb agents quimioteràpics. Aquests fàrmacs tenen com a diana qualsevol cèl·lula que s'estigui dividint sense aturador, és a dir, les cèl·lules canceroses. El problema és que no són les úniques que estan prement el pedal del gas de les divisions cel·lulars. Hi ha altres cèl·lules que tenen esperances de vida molt curtes, com ara les del sistema digestiu, i que tendeixen a dividir-se compulsivament per assegurar que el cos sempre en tingui prou. Quan aquestes cèl·lules intentin dividir-se, també quedaran afectades per la quimioteràpia. Aquí és on els efectes secundaris de la quimioteràpia es noten més, quan aquest tractament afecta cèl·lules sanes necessàries per al nostre cos. I les males notícies no s'acaben aquí, perquè les cèl·lules cancerígenes poden trobar maneres d'escapar-se del medicament i complicar així l'evolució de la malaltia.

Per posar-nos en perspectiva, el 1993 l'esperança de vida a cinc anys dels pacients amb LMC era del 31 %. El 2016 aquesta xifra ja s'havia disparat al 70 %. Els pacients fins i tot poden seguir un tractament continuat que pot aconseguir que tinguin una esperança de vida igual que la població general. Què va passar entre el 1993 i el 2016? L'aplicació de la medicina personalitzada.

El 2001 es va començar a comercialitzar l'imatinib. Recordes el gen anormal creador d'una proteïna que animava la cèl·lula a proliferar descontroladament? Doncs, en comptes d'atacar indiscriminadament totes les cèl·lules que es divideixen ràpid, aquest nou medicament té com a diana aquesta proteïna específica, de manera que elimina només les cèl·lules canceroses. Així, amb més capacitat d'actuar contra el càncer i amb menys efectes secundaris, l'imatinib ha revolucionat l'esperança de vida dels pacients de LMC.

Malauradament la lluita no s'acaba aquí, i és que el càncer, que no té un pèl de burro, pot adquirir noves mutacions que acabin portant a resistències a l'imatinib. Per això és tan important continuar amb el tractament individualitzat entenent les mutacions que s'estan duent a terme per receptar el medicament més adequat en tot moment.

Així doncs, la medicina personalitzada ens permet entendre millor l'excepcionalitat de cada malaltia per decidir o dissenyar un tractament que sigui específic i, per tant, personalitzat.

Evitar la sang blava

Ara que ja hem vist com la medicina pot ser personalitzada per tractar malalties similars però amb tonalitats diferents, vegem com més la podem utilitzar per fer un tractament específic per a cada individu.

Quan comences a patir migranya i saps que sense l'ajuda d'un ibuprofèn ho tindràs cru, per a tu és tan senzill com empassar-te la pastilla, esperar una mica i, si tens sort, començar a trobar-te més bé. Però a dins nostre aquesta pastilla haurà passat tota una aventura i el nostre cos haurà fet una feinada per arribar al desenllaç.

Durant aquest viatge, hi ha unes proteïnes que hi tindran un paper importantíssim: els enzims. Els enzims són substàncies orgàniques que el nostre cos fabrica i utilitza per accelerar les reaccions químiques. Potser el nom d'amilasa et diu alguna cosa? L'amilasa és un enzim que tenim a la saliva que ens ajuda a trencar els aliments perquè més endavant, després d'un llarg procés, els puguem digerir. D'enzims n'hi ha de moltes menes, i duen a terme tot tipus d'accions.

Però tornem a la migranya. La pastilla per si sola és inactiva, necessita l'ajuda d'enzims per activar-se. I tot el que comença s'acaba, de manera que, per evitar que el medicament faci la seva funció per sempre més, altres enzims el desactivaran. Finalment, el que quedi d'aquest fàrmac que t'ha salvat el dia serà destruït i expulsat. Així doncs, dins teu i amb l'ajuda dels enzims, el medicament haurà de passar les fases d'absorció, distribució, metabolisme i excreció.

Fins ara tot va sobre rodes. La migranya sembla que ha marxat, i el medicament haurà estat modificat, haurà dut a terme la seva funció i, més tard, serà eliminat. Però, lògicament, no tot és tan simple. Els enzims que s'encarreguen d'aquestes funcions són codificats per gens i, com ja tenim marcat amb ferro roent al cervell, els gens poden diferir entre persones. D'aquesta manera, diferents individus poden expressar enzims lleugerament diferents que, per tant, no actuen de la mateixa manera davant del medicament. I aquí és on entra la medicina personalitzada, per adaptar el medicament a la manera com cada individu hi interacciona.

Posem un cas concret, que sempre ho fa tot més fàcil. La warfarina és un anticoagulant que s'utilitza, per exemple, en casos de problemes cardiovasculars, per reduir la probabilitat de formació de coàguls i, per tant, el risc que se'ns embussin els vasos sanguinis. Tanmateix, no volem que aquest medicament estigui actiu permanentment, perquè podria fer que la sang tingués moltes dificultats per coagular-se i, per tant, un tallet podria provocar grans pèrdues de sang. Si de seguida t'has traslladat mentalment a la reialesa europea, et felicito. L'hemofília, malaltia amb una alta incidència dins de la Corona, provoca exactament el mateix, la incapacitat de coagular. En el seu cas no és perquè hagin fet glopades de warfarina com si no hi hagués demà, sinó per una mutació congènita. En el nostre cas, per evitar convertir-nos en reialesa, tenim un enzim que pot desactivar substàncies com la warfarina i permetre a la sang coagular adequadament.

I on és el problema? Fins aquí sembla que tot va com una seda. On té cabuda la medicina personalitzada? Doncs resulta que diferents individus poden tenir modificacions en el gen que codifica per a l'enzim desactivador del medicament, i això fa que els costi més apagar-lo. Aquest problema fa que la warfarina sigui activa durant més temps i, per tant, hi ha més probabilitat de reaccions adverses que poden arribar a posar en risc la vida del pacient. No és casualitat que aquest medicament inicialment fos descobert i utilitzat com a verí per a rates; un mal ús pot ser fatal.

El medicament s'havia començat a comercialitzar per a humans el 1954, i un any més tard fins i tot el president dels Estats Units va ser tractat amb warfarina. Però la resposta que s'observava en prendre'l era molt variada entre pacients. No va ser fins a inicis dels 2000 que es va descobrir que diferents persones podien presentar enzims que interaccionaven de maneres diverses amb el fàrmac. La medicina personalitzada, en aquest cas, potser és més senzilla del que t'imagines. Avui en dia és necessari estudiar prèviament quina variació del gen té el pacient abans de subministrar-li warfarina per ajustar-ne la dosi. Si el malalt té una modificació específica que provoca un retard en la inactivació del medicament, el metge haurà d'abaixar-ne la dosi per assegurar que no està actiu durant un període massa llarg. D'aquesta manera, una altra vegada, la medicina personalitzada no només ens permet millorar l'efectivitat del medicament sinó també rebaixar-ne els efectes secundaris.

Val més prevenir que curar

Als humans ens agrada pensar a curt termini i, en lloc de tractar l'arrel dels problemes, posar esparadraps als símptomes. És per això que dins el món de la medicina estem obsessionats a curar, a pal·liar el mal. Encara que sigui complicat en el paradigma actual, és de vital importància recordar que podem fer una cosa millor que curar-nos: no posar-nos malalts. Sembla una obvietat que no caldria recordar, però sovint ens n'oblidem: el millor tractament és la prevenció.

Sent éssers amb dificultat per entendre les conseqüències a llarg termini (només cal veure tot el desgavell amb el canvi climàtic), no sempre veiem la prevenció amb bons ulls. Així doncs, durant segles hem prioritzat el tractament immediat en comptes d'anar a la font del problema i promocionar hàbits saludables i protectors de la salut. Per veure els resultats de la prevenció cal esperar, i això pot fer que ens tirem enrere. A més, sovint els efectes de la prevenció ens són invisibles si no els estem observant activament. És més fàcil veure que un malalt es cura que no pas que algú evita una malaltia. Tot i que pot suposar una gran inversió econòmica en el present, si es fa correctament la prevenció es pot traduir en un estalvi econòmic considerable en el futur. De fet, segons l'Associació per a la Salut Pública Americana, cada dòlar invertit en prevenció pot portar a un estalvi de 5,6 dòlars de despesa en tractaments.

A més a més d'un estalvi econòmic, la prevenció suposa un estalvi de patiment. Impedir l'etiqueta de pacient vol dir evitar emmalaltir i, per tant, poder disposar d'una vida més saludable i amb menys sofriment.

Per il·lustrar-ho amb un exemple històric d'allò més senzill, la idea que el personal mèdic hauria de rentar-se les mans entre pacient i pacient va ser considerada una animalada inicialment, i els seus promotors eren titllats de bojos. Com bé sabem ara, aquest acte de prevenció no era pas una bogeria, i ha salvat quantitats inimaginables de vides: actualment ens semblaria una barbaritat no fer-ho. Pas a pas, necessitem prioritzar cada vegada més la prevenció.

La medicina personalitzada pot ser una gran aliada en aquesta lluita. Posem per cas el colesterol. Quan et fas una anàlisi de sang i els resultats indiquen que tens el colesterol per damunt d'una xifra determinada, instantàniament entres a la categoria de risc i t'alarmes. Com a resposta, t'assignaran un tractament i unes pautes a seguir. Aquests valors, però, no estan ajustats al teu cos: estan decidits a escala poblacional, com aquella sabata del número 42. Si, en canvi, gràcies a la medicina personalitzada, som capaços de monitorar els nivells de colesterol d'un individu concret, podem ajustar-los millor i, per tant, optimitzar la resposta. Si voleu entendre millor el rol de la tecnologia i, més concretament, de l'aprenentatge automàtic en la medicina personalitzada, en el capítol següent ho podreu fer, però quedeu-vos una miqueta més amb mi, que encara hi ha molt per descobrir.

Un altre exemple de prevenció és a través del monitoratge personalitzat. Tornant al famós genoma, podem buscar certs indicadors que són factors de risc d'unes malalties concretes.

Tenir-los no significa que estiguis predestinat a emmalaltir, senzillament que hi tens una predisposició i cal vigilar. A partir d'aquests factors de risc, es poden aplicar plans de seguiment personalitzats. Això aconsegueix enxampar casos abans d'hora i tractar-los o minimitzar-los abans que siguin un problema de gran magnitud.

Tu, tots, tothom

La medicina personalitzada no només pot ser un gran benefici per al pacient, sinó que també pot tenir impactes positius a escala poblacional. «Un gran poder comporta una gran responsabilitat», va dir el tiet del Peter Parker, i segurament s'estava referint als antibiòtics, que, tot i salvar milions de vides, aboquen a la seva pròpia destrucció a mesura que se'n fa ús.

La resistència als antibiòtics és avui dia una pandèmia silenciosa que amenaça el sistema sanitari a escala global. De la mateixa manera que els càncers amb mutacions que poden evadir certs medicaments són seleccionats, a mesura que anem utilitzant antibiòtics, aquells bacteris que, per mutacions aleatòries, poden evitar el medicament, passen a la fase següent. I no pateixis que si no recordes com funciona tot això de l'evolució sempre pots rellegir el capítol 6 per refrescar la memòria. La diferència amb el càncer és que aquests bacteris, també anomenats superbacteris, no es limiten a un pacient, sinó que poden anar transmetent la resistència a altres bacteris i així conquerir el món.

D'aquesta manera, i durant anys, superbacteris als quals ni els immuten les nostres armes s'han anat seleccionant i han fet que sigui més complicat tractar infeccions bacterianes.

Un dels fonaments del nostre sistema sanitari són els antibiòtics, que no només s'utilitzen per tractar infeccions sinó també com a mètode preventiu, per exemple, abans d'entrar a quiròfan. Això significa que aquestes resistències poden sacsejar tot el nostre sistema sanitari i fer que una simple operació pugui ser qüestió de vida o mort. Tristament, avui en dia ja no són anecdòtics els casos de malalts que no responen a certs antibiòtics i els n'han de donar de més potents, però quant temps tenim perquè fins i tot els més potents no facin efecte?

Una de les accions per combatre la resistència dels antibiòtics és assegurar un diagnòstic correcte. Si sabem que una infecció és causada per un bacteri amb resistència a la penicil·lina, aleshores es poden trobar alternatives com ara la doxiciclina. Així doncs, utilitzant la medicina personalitzada podem discernir el patogen concret que està causant la malaltia i saber si ja té algun tipus de resistència per donar un tractament més eficient. Un diagnòstic precís i personalitzat és la clau per no continuar potenciant resistències.

Flors i violes

La medicina personalitzada és la culminació de la feina de milers de persones al llarg de la història, i alhora és una demostració de la capacitat il·limitada que té el camp mèdic. És el pas següent en el repte de millorar la nostra salut, i actualment està revolucionant la disciplina perquè permet un canvi de paradigma en la manera com tractem malalties i en millorar el resultat.

Una conseqüència potser menys òbvia de la personalització de la medicina és que per fi es pot lluitar contundentment contra un dels grans problemes de la ciència: la inclusió. Recordeu que al principi hem parlat del règim de la sabata de la talla 42? Recordeu que havíem escollit aquest número perquè globalment era la sabata més utilitzada? I si us digués que realment no ho és?

La nostra sabata il·lustrativa i imaginària és una sabata dissenyada per un grup de persones que durant segles han estat la cara visible dels avenços científics, i el disseny de la medicina ha girat al seu voltant. L'estructura social que ha imperat fins ara ha portat a crear un grup de gent privilegiada format majoritàriament per homes blancs, heterosexuals, cis i sense discapacitats.

Això ha resultat en el fet que un grapat de persones (dones, diferents ètnies, altres identitats de gènere i sexuals, gent amb discapacitats, i molts més) no hagin estat representades i, per tant, no hagin tingut veu ni vot en el disseny de la sabata. Dit d'una altra manera, aquestes persones han estat ignorades a l'hora de desenvolupar medicaments o entendre com els afectaven diferents condicions. Això ha resultat en moltes retirades de medicaments del mercat pels efectes adversos que impacten en la població ignorada.

Potser un dels casos més coneguts és el de la talidomida. Aquest medicament va ser portat al mercat com una «droga miraculosa» per tractar l'insomni, el mal de cap i les nàusees matinals, entre d'altres. Era perfecta per disminuir els mals associats a l'embaràs, excepte per un petit detall. La toxicitat del medicament no havia estat estudiada en dones embarassades. Uns tres anys després que sortís al mercat es va veure que el medicament tenia la capacitat de travessar la barrera placentària i causar malformacions que podien arribar a ser letals per al nadó. Però ja era tard per a milers de nens arreu del món.

Avui en dia els medicaments que es recepten durant l'embaràs s'estudien de manera exhaustiva per assegurar que no poden provocar problemes en el fetus, però això no ha resolt tots els problemes de biaix en la ciència. Per exemple, el fet de no incloure les dones en molts estudis ha fet que les dosis estiguin ajustades a l'estàndard masculí i sovint elles rebin una dosi més alta del compte, cosa que implica una probabilitat més elevada de patir efectes secundaris.

Així doncs, amb la medicina personalitzada tenim l'oportunitat de canviar aquest biaix i, finalment, donar cabuda a tothom. Fins ara sembla que tot són flors i violes quant a l'aplicació de la medicina personalitzada, però si és així, per què no la trobem a cada clínica? On és el gat amagat?

El gat amagat

Feta la llei, feta la trampa, i la medicina personalitzada no pot evitar una part fosca. Encara que el principi i el concepte ens puguin semblar d'allò més atractius, hem de tocar de peus a terra. Totes aquestes innovacions formen part de la societat actual, així que porten incrustades les seves limitacions.

La medicina personalitzada és cara. Per una banda, hi ha la necessitat de tornar a formar els professionals perquè apliquin les noves tècniques, i per l'altra es requereixen nous materials i equipament que cal dissenyar, comprar, fabricar i instal·lar als hospitals. Finalment, també es necessita més personal de salut per adequar-nos a aquesta nova visió de la medicina. I amb cada pas la factura es va encarint. Arribats a aquest punt ens fem la pregunta del milió: qui es podria permetre la medicina personalitzada? Hauria de quedar coberta per la seguretat social? Seria monopoli únicament del sector privat?

No cal que anem a un futur condicional per imaginar-nos el preu de la medicina personalitzada. Tornem a agafar l'exemple de l'imatinib, el medicament miraculós per tractar casos específics de leucèmia. El que he deixat de banda intencionadament abans és el seu cost. L'empresa farmacèutica Novartis el va treure al mercat el 2001, amb un preu de sortida als Estats Units d'Amèrica de 26.400 dòlars per any de tractament. Aquest import estava basat en el preu dels medicaments similars que s'havien utilitzat fins al moment. La predicció era que amb aquella tarifa recuperarien la inversió inicial en dos anys. Tanmateix, el preu no es va quedar on estava.

El 2016, l'any que la patent va caducar, el medicament havia escalat fins a 120.000 dòlars per any, més del quàdruple del preu inicial. El cost de la investigació inicial ja estava més que recuperat. Aquell mateix any un estudi va calcular el preu que el tractament podria tenir quan la patent caduqués, sumant el cost de producció i afegint-hi un 50 % de beneficis. El resultat era un preu d'uns 200 dòlars, 600 vegades més baix que el que s'estava comercialitzant.

El preu desorbitat de l'imatinib va suposar per a Novartis una de les fonts d'ingressos principals de venda de fàrmacs durant anys, mentre que a la vegada privava gran part de la població mundial de l'accés al tractament. Així doncs, el medicament que va revolucionar la medicina personalitzada es va quedar a la porta de molts pacients que no van poder pagar-s'ho. És cap aquí on anem?

Limitar la desigualtat als Estats Units o a Catalunya és quedar curt. Per entendre les conseqüències de la personalització de la medicina cal fer un parell de passos enrere (o potser un parell de milions). Situem-nos a l'espai exterior i mirem el planeta Terra. La disparitat entre països és evident. Per fer-ho més senzill faré la divisió del nord global, aquells països amb un nivell adquisitiu més elevat, i el sud global, aquells que cauen en el nivell adquisitiu més baix.

Al nord global tenim una tendència insana a explotar els nostres recursos i els dels altres, i després rentar-nos-en les mans, sigui en el cas de la colonització de ja fa segles o d'una neocolonització ja massa actual.

Però no marxem tan lluny de la medicina. Tornem a l'exemple dels antibiòtics. Com a petit recordatori, l'ús natural dels antibiòtics porta inevitablement a més resistències i fa que el tractament sigui cada vegada menys eficaç. És fàcil d'imaginar que, durant anys, tothom ha estat utilitzant-los, i per això ara hi ha resistències. Però es fa una mica més dur quan ens adonem que som nosaltres un altre cop els qui hem estat abusant dels antibiòtics, i ara tothom n'està patint les conseqüències. No només tothom n'està patint les conseqüències sinó que el sud global les pateix de manera desproporcionada perquè no té sistemes resilients que hi puguin fer front. Encara és més alarmant quan ens adonem que en moltes d'aquestes regions milions de persones moren per causes que podrien ser tractades simplement perquè no tenen accés a les solucions. Alguns exemples són les complicacions durant el part o diarrees que poden portar a deshidratacions mortals: totes dues coses es podrien evitar i tractar si hi hagués una inversió sostenible prou elevada.

L'últim argument ens pot semblar una cosa aliena. Nosaltres vivim en la nostra realitat, el nostre present, el nostre entorn. Tot i que també hi ha disparitats considerables dins del país on vivim, és cert que tenim la sort de disposar d'un sistema de salut que ens cobreix i ens assegura uns mínims. Aleshores, per què ens hauria d'afectar el que passa a l'altra banda del món? Si amb els drets humans, l'empatia i un sentit de responsabilitat pel nostre passat no n'hi ha prou, aleshores potser és moment de tirar la carta que les malalties no tenen fronteres. La pandèmia de covid-19 ens ha clavat una bufetada de realitat. La globalització extrema en què vivim, la connectivitat que ens permet arribar a l'altra banda del planeta «sense problemes», tot això ha fet que viatjar sigui més fàcil que mai per als patògens. Així doncs, quan no estem facilitant vacunes arreu del món, quan estem bloquejant medicaments o ens obsessionem amb el nostre bonic melic, estem permetent que malalties letals no puguin ser erradicades, estem facilitant l'evolució de patògens a variants més complicades; ens estem posant en perill.

Per afegir una mica més de llenya al foc, abans hem dit que la medicina personalitzada ens pot aportar finalment la inclusivitat que la medicina necessita. Una inclusivitat que mancava fins ara pel fet que els estàndards actuals han estat marcats per un col·lectiu molt delimitat dins del nord global. Però en aquesta societat on persisteixen el racisme, el sexisme i tants altres ismes, és realment possible arribar a ser inclusius sense alterar aquest col·lectiu? Cal abans un canvi d'arrel? Si s'apliqués la medicina personalitzada directament, seria un catalitzador que portaria a un augment de disparitat i a més discriminacions?

És bonic imaginar un món on no tinguem butllofes als peus perquè tots disposem de sabates de la nostra talla en lloc d'un 42 únic, però podem imaginar-ho a escala global, quan ara mateix una part enorme de la població no té ni accés a calçat?

Qui té les dades, té el poder

Lògicament, les limitacions no s'acaben aquí sinó que toca obrir un altre meló. La medicina personalitzada porta incorporats l'ús de la tecnologia i la recollida de dades. De moltes dades: rellotges intel·ligents que ens miren l'oxigenació de la sang i la freqüència cardíaca, tests per descobrir els percentatges de nacionalitats que portem als nostres gens, aplicacions per fer el seguiment de la menstruació Sense ni adonar-nos-en estem contínuament creant i també compartint dades a tort i a dret.

Abans de posar-nos en la part fosca de tot això cal dir que l'ús de la tecnologia i el *self-tracking* pot portar a un empoderament importantíssim del pacient. Donar les eines per entendre'ns a nosaltres mateixos és essencial per promocionar hàbits saludables i la prevenció de malalties.

Anteriorment també hem descobert que un augment de dades d'un individu ens pot ajudar a entendre millor el seu cas i a personalitzar el tractament. A més a més, l'accés a una gran quantitat de dades és essencial per avançar en la recerca i pot portar a una gran revolució.

Tanmateix, això també pot obrir la porta a un futur distòpic que diverses obres literàries o pel·lícules descriuen. Per exemple, a la pel·lícula *Gattaca* es presentava un món en el qual el genoma és estudiat per limitar-nos el dia a dia. I si en un futur estiguéssim obligats a donar una mostra del nostre ADN abans de contractar una assegurança perquè així puguin ajustar el preu basant-se en la predisposició a malalties? Per sort, els que vivim a Europa ens podem protegir d'un mal ús de les nostres dades amb les legislacions més severes, i més enllà d'Europa, diversos països arreu del món ja han començat a establir lleis per protegir contra la discriminació genètica. Tanmateix, és tradició que la legislació es quedi un pas enrere quan la ciència avança a gambades. Què passa si les nostres dades cauen en les mans equivocades?

Recentment, amb l'anul·lació del cas Roe contra Wade als Estats Units, que permet als estats prohibir l'avortament, van sorgir articles que recomanaven a les persones menstruants que es desinstal·lessin les aplicacions de seguiment de la regla. Tenien por que aquestes dades es poguessin fer servir per veure si algú havia tingut un avortament il·legalment i, per tant, condemnar-les.

Tot i que molts d'aquests casos semblin, o haurien de semblar, una distopia, és necessari tenir-los presents. Potser estic buscant tres peus al gat, però és importantíssim que en la implementació de nous paradigmes que poden revolucionar la manera com entenem la medicina i la salut es tinguin en compte les seves limitacions. És essencial advertir qui té el privilegi i qui no en rebrà els beneficis o fins i tot en pot arribar a sortir perjudicat.

Com anell al dit

Com hem vist al llarg del capítol, la medicina personalitzada ens pot ajudar a entendre les singularitats dels pacients, fer un diagnòstic correcte i únic i dissenyar un tractament escaient. La seva aplicació en l'àmbit de la prevenció, el diagnòstic i el tractament estan portant a una revolució de la medicina que ens ajuda a salvar més vides i estalviar patiment. Tanmateix, cal advertir que pot ser una espasa de doble tall. Cal anar amb peus de plom, tenir en compte com s'aplica i qui se'n pot beneficiar. El seu preu exclou grans parts de la població i pot contribuir a les disparitats econòmiques i de salut.

Aquest nou model ens permet imaginar una utopia en la qual la medicina s'adapta al pacient, però tots hi hem de tenir cabuda, indistintament del poder adquisitiu, gènere, ètnia... Al cap i a la fi, al jurament hipocràtic actual no hi ha divisions entre cap grup de persones sinó que tots som vistos com a iguals. Tornant a la ja familiar sabateria, no només hem d'aspirar que tothom es pugui permetre portar sabates sinó que ens vagin com anell al dit.

10

Les màquines pensen?

Agnès Pérez Millan

La intel·ligència artificial ja comença a estar més present en el nostre dia a dia. Coneixem el concepte i fins i tot podem posar-ne algun exemple, però sabem com funciona? Sabem com un ordinador és capaç de predir un fet del futur? En aquest capítol ens centrarem en l'aprenentatge automàtic, que permet ensenyar als ordinadors com si fossin en una aula d'escola. En concret, ens farem la pregunta de si realment les màquines poden pensar. I ens centrarem en com la medicina pot aprofitar els avantatges que presenta la intel·ligència artificial per millorar, avançar o complementar les tècniques presents.

La tecnologia és present cada cop en més àmbits de la societat. D'uns anys ençà, volem aconseguir reproduir la intel·ligència humana en els ordinadors, de manera que estem intentant ensenyar-los perquè siguin capaços d'aprendre i solucionar problemes de tota mena. Algunes de les motivacions per fer que els ordinadors puguin resoldre problemes serien, per exemple, poder obtenir o millorar els diagnòstics mèdics. També poder conèixer millor el tractament de cada pacient segons l'evolució que està tenint o poder saber la resposta a un medicament que tindrà el pacient. En tots els casos estem parlant de portar la medicina a nivell personal, és a dir, una medicina personalitzada. Per tant, la intel·ligència artificial, conjuntament amb altres tècniques o metodologies, pot ajudar els metges o altres especialistes a assolir una medicina personalitzada.

Intel·ligència artificial: d'Alan Turing a l'actualitat

Ens situem a l'any 1950, quan el famós científic Alan Turing, considerat un dels fundadors de la ciència computacional i conegut també per haver resolt el famós codi Enigma dels nazis durant la Segona Guerra Mundial, fa pública la pregunta

«Les màquines poden pensar?» en un seminari on presentava la seva investigació. En aquell moment encara no s'havia desenvolupat la intel·ligència artificial, però sí que es considera un punt d'inflexió, i molts fins i tot en parlen com del seu naixement.

Malgrat els anys que han passat, la pregunta és vigent, i avui dia molts ens continuem preguntant el mateix. Moltes pel·lícules de ciència-ficció encara parlen de si les màquines poden pensar o si el dia de demà les màquines lideraran el món. Per tant, continua sent un tema futurista, però, com veurem en aquest capítol, en alguns àmbits de la societat ja és el present.

Però per poder saber com estem de lluny d'aquest futur abans hem d'intentar resoldre el més bàsic. Què és la intel·ligència artificial? Definir-la no és senzill, és una feina més elaborada del que pot semblar, i és que en les últimes dècades han sorgit diferents definicions o han anat evolucionant. Podem definir la intel·ligència artificial com una ciència que permet imitar les capacitats humanes per resoldre problemes i la presa de decisions.

La intel·ligència artificial pot tenir un gran abast en la societat, i en l'actualitat ja és més present del que probablement ens pensem en el dia a dia. Per exemple, a la butxaca de pràcticament qualsevol persona hi trobem assistents personals virtuals com Siri o Alexa, que fan servir intel·ligència artificial. Un altre exemple seria el ChatGPT, un programa capaç de respondre les preguntes que li fem, des de com es cuinen uns macarrons fins a redactar-nos l'informe que hem d'entregar, per exemple.

De la cuina als ordinadors

El terme «intel·ligència artificial» és tan ampli que, com et pots imaginar, hi ha diferents subtipus o branques dins d'aquesta disciplina. A grans trets, engloba les branques de l'aprenentatge automàtic —conegut també en anglès com a *machine learning*— i l'aprenentatge profund —com a *deep learning* en anglès—. Aquestes dues disciplines estan formades per algorismes d'intel·ligència artificial que permeten fer prediccions o classificacions basades en un conjunt de dades.

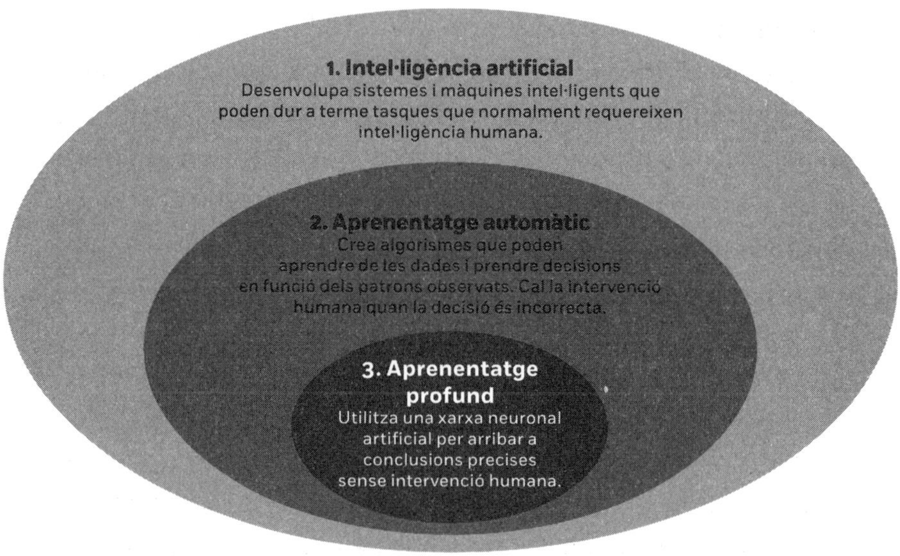

Ara bé, què és això d'un algorisme? Un algorisme és molt semblant a una recepta de cuina, és a dir, és un conjunt d'instruccions que ens permeten resoldre un problema. Per tant, perquè l'ordinador pugui resoldre un problema o una pregunta, com seria dur a terme una classificació, necessita un algorisme. I com introduïm l'algorisme a l'ordinador perquè ens resolgui el problema? Doncs fent ús dels llenguatges de programació, que venen a ser els idiomes que usem per comunicar-nos amb els ordinadors i, igual que de llengües, n'hi ha molts, com ara els famosos Python i R.

El que necessiten els algorismes introduïts a l'ordinador per poder resoldre els problemes són les dades, que li permetran aprendre les instruccions i perfeccionar-les. Si continuem amb el nostre exemple de la recepta de cuina, les dades serien l'equivalent als ingredients i l'ordinador seria el cuiner. I, un cop tenim la recepta d'un àpat exquisit, necessitem els ingredients perquè el cuiner pugui elaborar-la.

Així, podem pensar la intel·ligència artificial com l'acció de cuinar un plat, cosa que segurament has fet algun cop. Tenim un algorisme (recepta), un ordinador (cuiner) i un conjunt de dades (ingredients), i volem aprendre a resoldre problemes (fer àpats). Un mateix plat normalment es pot cuinar de diverses maneres, segons els ingredients, el tipus de recepta que tingui, etc. Aquest fet es reprodueix en la intel·ligència artificial: depenent dels tipus de problema que es vulgui resoldre o el conjunt de dades que es facin servir, serà més adequat un tipus d'algorisme o un altre.

Un cop clara la idea general, centrem-nos en l'aprenentatge automàtic, que va ser definit l'any 1959 pel científic Arthur Samuel com «el subcamp de la informàtica que dona als ordinadors la capacitat d'aprendre sense ser programats explícitament». És una troballa relativament recent si la comparem amb altres descobriments científics molt famosos i importants com podrien ser les lleis de Newton, que es van publicar l'any 1687.

L'aprenentatge automàtic inclou els algorismes que fan servir les dades per imitar la manera com aprenen els humans i millora progressivament la seva precisió, és a dir, és el clar exemple del que dèiem sobre cuinar. Des que fem la primera truita de patates fins que en fem la cinquantena, haurà millorat molt la qualitat. La cinquantena truita que fem serà molt més bona perquè haurem après dels nostres errors i dels nostres encerts; sense anar més lluny, sabrem girar-la sense fer un desastre. Justament això és el que fa l'aprenentatge automàtic, anar aprenent amb cada una de les dades per finalment acostar-se a la idea real d'allò que se li demana.

Probablement tens clar —si més no aproximadament— com es fa una truita, però el procés de creació d'un algorisme d'aprenentatge automàtic no és tan conegut. Primer de tot hem de saber que aquests algorismes es basen en mètodes estadístics dissenyats per fer classificacions o prediccions. I per aconseguir-les se segueixen normalment uns passos estàndards generals que són els següents:

1. Procés de decisió: les dades que s'introdueixen a l'algorisme permeten fer una estimació de quin patró segueixen, i amb aquesta informació l'algorisme és capaç d'elaborar una classificació o predicció.
2. Funció d'error: s'avalua l'error de la predicció que ha dut a terme l'algorisme fent servir les dades introduïdes.
3. Optimització del model: s'analitza la qualitat de les prediccions, és a dir, si el model és capaç d'ajustar-se millor a les dades introduïdes. El que es pretén en aquest pas és reduir la discrepància entre l'exemple conegut (les dades introduïdes inicialment) i l'estimació feta. Aquest pas s'acostuma a repetir fins que s'obté la millor precisió possible.

En qualsevol model d'intel·ligència artificial es duen a terme dues fases, una primera fase que s'anomena entrenament i la segona fase, que és el testatge abans de poder arribar a fer servir l'algorisme per a casos reals. El que es fa és agafar el conjunt de dades i dividir-les en dues parts. El primer conjunt de dades es farà servir per entrenar el model. El segon, per veure com és de fiable l'algorisme, és a dir, si és capaç de respondre la pregunta que li fèiem, perquè en sabem la resposta, així és com som capaços d'avaluar-ne la fiabilitat. És com quan som en una aula d'escola, institut o universitat. Primer ens expliquen uns conceptes i ens fan resoldre uns problemes dels quals tenim la solució: en aquest pas ens estem entrenant per després poder resoldre els problemes sense tenir-ne la solució. En acabat fem un examen que avalua els conceptes que hem après, en què tenim uns problemes similars als que hem fet a classe, però en aquest cas no en tenim la solució, tot i que el professor sí que la té i ens pot posar una nota. Doncs fem exactament el mateix amb els models d'intel·ligència artificial: primer els entrenem, és a dir, els ensenyem la matèria, per posteriorment fer-los un examen que avalua els seus coneixements i els posem una nota. En funció de la nota que tinguin valorem si són adequats per resoldre el problema que els plantejàvem. Per poder fer aquest examen necessitem un conjunt prou gran de problemes amb respostes per poder dividir-los en dues parts: els de classe i els de l'examen. Normalment necessitem més problemes per aprendre els conceptes que per avaluar-los i, per tant, n'hi haurà més en el conjunt de classe que en el de l'examen. Si tornem al nostre cas, que eren els models d'intel·ligència artificial, el nostre conjunt de dades el dividirem en dues parts, però no seran iguals: tindrem un part amb més problemes que serà la que farem servir per entrenar el model, i una part amb menys problemes per avaluar la fiabilitat de l'algorisme. Hi ha diverses tècniques per fer la divisió, amb els seus pros i contres, i cada persona decideix quina metodologia prefereix.

L'aprenentatge automàtic és molt més present del que ens solem imaginar. T'has plantejat mai com Netflix et recomana les pel·lícules o sèries que en principi t'haurien d'agradar més?

Doncs justament fa servir l'aprenentatge automàtic, és a dir, segons el que has mirat l'algorisme va aprenent i et va fent recomanacions cada cop més precises a mesura que té més informació (és a dir, més hores o sèries vistes). Si entrem en el detall, el que fa l'algorisme de Netflix és (1) estudiar el patró de les sèries que veus (gèneres, durada, actors, directors, temps en què les has mirat, etc.). Un patró podria ser (suposem que totes les opcions són a Netflix, que no és el cas): mai mires pel·lícules romàntiques excepte si hi apareix Jenifer Aniston, mires moltes pel·lícules de terror, però sense sang, mires pel·lícules d'acció si apareix Tom Cruise i les sèries que acostumes a mirar són de l'estil de *Friends*, tot i que les sèries que has mirat senceres amb menys temps són *Joc de trons* i *Yellowstone*. (2) Prova d'extreure recomanacions segons el patró creat. Et podria recomanar *The morning show*, *The office* o *Just go with it*. I (3) finalment mira si fas cas de les recomanacions per veure si la predicció és encertada.

Un altre exemple d'actualitat en què es fa servir l'aprenentatge automàtic són els cotxes sense conductor que s'estan desenvolupant actualment. Per això abans que surtin al mercat han de conduir bastant amb un conductor real, perquè, com ja hem vist, aquests algorismes d'aprenentatge automàtic no han de ser fiables al principi, però a mesura que s'entrenen, és a dir, que aprenen, van guanyant fiabilitat. Per tant, abans que surtin al mercat han de conduir força sota tutela perquè no volem accidents.

Podeu veure que aquests algorismes d'aprenentatge automàtic són molt presents en l'actualitat. En aquest sentit, la medicina, que és una ciència que evoluciona molt i que acostuma a ser pionera en tècniques que puguin ajudar els pacients, també s'ha interessat per aquestes tècniques. Aquest fet pot crear força expectació, però realment com ajuda l'aprenentatge automàtic als científics i als metges a fer la seva feina?

Dels ordinadors a la consulta mèdica

Ara bé, la idea de fer servir aquestes tècniques computacionals per millorar la medicina no és tan nova com pot semblar. A principis dels anys seixanta per primer cop els científics van utilitzar un ordinador per diagnosticar malalties de la sang. Va ser un moment crucial en el seu àmbit.

Recordem que parlem d'aprenentatge automàtic quan l'ordinador aprèn de les dades que hi introduïm, és a dir, de les experiències passades, i fa prediccions futures. Per tant, els investigadors poden recopilar dades de pacients actuals que posteriorment es faran servir com a dades d'entrenament per als algorismes. Els resultats que s'obtinguin amb aquestes prediccions ensenyaran noves maneres d'estudiar malalties, fabricar medicaments o tractar pacients, per exemple.

El nostre objectiu d'investigació, és a dir, si per exemple volem diagnosticar pacients o investigar com evolucionen, serà el que decidirà quin tipus d'aprenentatge automàtic convé. No és el mateix voler diagnosticar pacients que entendre'n l'evolució. Els diferents tipus d'aprenentatge automàtic es basen en quina informació de les dades s'introdueix a l'algorisme. Tenim tres grans grups d'aprenentatge automàtic: el supervisat, el no supervisat i el semisupervisat —que és la combinació de tots dos—. Vegem-los amb una mica més de detall.

En l'aprenentatge supervisat les dades que s'introdueixen per entrenar l'algorisme estan etiquetades. Curiosament, l'etiqueta és el que volem predir amb el nostre algorisme, un cop estem en la fase de testatge. Si el nostre objectiu és fer un diagnòstic, l'etiqueta serà la malaltia de cada pacient, el que volem predir. Continuant amb l'exemple anterior, les dades que s'introdueixen són les variables numèriques que ens proporciona la informació de la malaltia que estem estudiant, com per exemple els resultats d'anàlisis de sang, d'imatges mèdiques o d'anàlisis d'orina, entre d'altres. Juntament amb la seva etiqueta, que podria ser des de la malaltia fins a si necessiten operació o un ingrés. Posem per cas que ens informa de si les variables numèriques són d'una persona sana o malalta.

Per altra banda, l'aprenentatge no supervisat té una finalitat diferent. En aquest cas, l'objectiu és trobar patrons o com s'agrupen les dades sense cap mena d'interferència humana, com podria ser agrupar els pacients en ingressats o no ingressats en la fase d'entrenament, en cas que tinguem com a objectiu predir si necessitaran un ingrés o no. D'aquesta manera, les dades que s'introdueixen són simplement les dades, en cap cas s'introdueix cap variable que pugui etiquetar les variables en grups predefinits. L'algorisme permetrà descobrir similituds i diferències amb la informació introduïda, que possibilita, posem per cas, diferenciar pacients.

Finalment, tenim l'aprenentatge semisupervisat, que és la combinació de les dues metodologies explicades. En aquest cas, en la fase d'entrenament part de les dades estan etiquetades, mentre que d'altres no. Les dades etiquetades, doncs, serveixen per guiar la classificació de les no etiquetades. Aquest mètode acostuma a ser l'opció escollida si etiquetar totes les dades (classificar-les en grups) té un cost molt elevat.

Si ens fixem en les diferències entre els dos grans mètodes, el supervisat i el no supervisat, veurem que la finalitat que tenen és diferent i, per tant, depenent de la hipòtesi o pregunta ens decantarem per l'un o per l'altre. En el primer, la fase d'entrenament conté la informació dels grups o etiquetes que tenim en el nostre conjunt de dades i s'ha d'aconseguir un algorisme que sigui capaç de predir aquests grups o etiquetes, un cop s'introdueixin les dades sense ells. En canvi, en el segon cas el que es vol és obtenir uns patrons que ens permetin identificar els possibles grups que formen les nostres dades. Aquest últim no requereix cap intervenció humana a l'hora de definir els grups, i per tant no hi ha possibles errors humans. Alhora, però, també presenta una gran dificultat perquè s'ha de poder interpretar aquests grups que ens retorna l'algorisme, un cop definits. Això pot suposar una gran dificultat per als investigadors.

Ara bé, com es tradueixen tots aquests algorismes en la recerca o en la clínica? En general, la computació i els mètodes d'intel·ligència artificial, i en el nostre cas concret els algorismes d'aprenentatge automàtic, milloren diverses àrees clau de la investigació clínica. Tanmateix, la recerca i la pràctica clínica, tot i anar de bracet, no van alhora. Per això encara no s'apliquen àmpliament els sistemes d'aprenentatge automàtic en les consultes mèdiques. Que els algorismes estiguin acceptats en l'àmbit de la investigació no vol dir que es puguin començar a aplicar en la pràctica clínica. L'aprenentatge automàtic ofereix una gran promesa, però queda molta feina per arribar a aplicar plenament aquests mètodes fora de la investigació clínica i que formin part de les consultes mèdiques. Però, així i tot, aquestes promeses estan ben definides i se sap quins són els avantatges que poden suposar aquests algorismes en un futur pròxim.

L'aprenentatge automàtic es pot fer servir en la pràctica clínica per predir la resposta dels medicaments a escala individual, que podria ser un exemple de la medicina personalitzada que hem vist al capítol anterior. Podem fer servir un conjunt de dades que sovint és multimodal: les dades provenen de diferents proves, posem per cas, proves genètiques, anàlisis de sang, etc. Juntament amb la potència de càlcul que tenen aquests algorismes, això ens permetrà saber si tenim les dades adequades o predir si un pacient tindrà una resposta positiva a un fàrmac, de tal manera que es pot saber si és el fàrmac adequat per a aquesta persona.

Un altre ús de l'aprenentatge automàtic en medicina podria ser per ajudar a predir el pronòstic dels pacients. Això permetria proporcionar una planificació del tractament de cada pacient segons el seu pronòstic proporcionat pel metge i amb l'ajuda de l'aprenentatge automàtic. Aquest tipus de tècniques s'han començat a fer servir en alguns càncers i també en alguns pacients de covid-19 per predir com evolucionarien i ajustar-los el tractament.

També es pot fer servir l'aprenentatge automàtic per analitzar imatges mèdiques, com podrien ser les radiogràfiques, amb l'objectiu de detectar canvis subtils que a ull nu podrien passar per alt. Això permetria precisar diagnòstics o fer-ne de més precoços. L'any 2018 als Estats Units es va aprovar el primer diagnòstic basat en intel·ligència artificial a través de l'anàlisi d'una imatge de la retina per diagnosticar la retinopatia diabètica.

Totes les aplicacions que hem vist de la intel·ligència artificial en medicina segueixen el procediment tradicional, és a dir, s'apliquen un cop el pacient ja ha arribat a consulta o està en tractament. Però actualment hi ha un nou corrent que persegueix un objectiu relativament fàcil d'aconseguir amb intel·ligència artificial: tractar el pacient abans que presenti els símptomes. Aquesta aplicació de la intel·ligència artificial no solament farà possible millorar la qualitat de vida dels pacients, sinó també la qualitat de la sanitat en general.

En un futur, l'anàlisi predictiva que podem aconseguir amb aquestes tècniques permetrà controlar la salut d'un pacient contínuament. La idea seria detectar molt precoçment canvis subtils que podrien derivar en problemes de salut. Un rellotge intel·ligent, posem per cas, gràcies a l'aprenentatge automàtic pot detectar per exemple arrítmies i enviar alertes a la persona sense la necessitat d'anar a l'hospital. L'anàlisi predictiva que permeten aquestes tècniques pot tenir un gran impacte en la cardiologia, les neurociències o l'oncologia, entre altres àmbits. Permetrien un diagnòstic precoç que tindria un impacte positiu en els pacients i en la gestió hospitalària.

Al llarg de tot el capítol hem parlat de les dades per entrenar els algorismes, que a mesura que acumulen informació van guanyant precisió. En conseqüència, necessitem bases de dades tan grans com sigui possible per aconseguir uns algorismes d'aprenentatge automàtic fiables, com la nostra cinquantena truita. Fa uns anys, una base de dades gran hauria suposat uns cent pacients, que ja representa una quantitat d'informació important a l'hora d'emmagatzemar-la (penseu que en alguns casos podrien ser imatges mèdiques o dades del genoma humà, que contenen molta informació i, per tant, pesen molt: podem estar parlant de bastants gigues per pacient). Però actualment una base de dades gran té molts més zeros: parlem d'informació de milers de persones. Cal certa infraestructura, doncs, per emmagatzemar-la. Així els investigadors poden tenir-hi accés i continuar treballant per desenvolupar els algorismes que portin la intel·ligència artificial a totes les consultes mèdiques i poder fer servir els avantatges que suposa.

11

Cicles d'histèresi: ruta circular

Miquel Bosch i Padrós

T'has preguntat mai com pot ser que els USB segueixin emmagatzemant dades fins i tot quan estan desconnectats del corrent? I per què quan hi passes un imant a prop n'elimines les dades? És per la magnetització romanent en unes cel·les molt petites, cadascuna corresponent a un 1 o a un 0 depenent de si ha estat magnetitzada o no. Però un cop desconnectes l'USB de l'ordinador que estava aplicant els camps magnètics corresponents per imantar o no cada cel·la, el que hi queda és una magnetització que no marxa, resultat del cicle d'histèresi. Això s'aplica a moltíssimes coses que tenim a casa! Aixetes, termòstats, però també a les neurones o quan parlem fluixet.

Si hi ha un mínim consens en el funcionament del món actual és que qui té les dades té el poder. Qui tingui més dades sobre les persones, el seu comportament, la natura o qualsevol cosa imaginable, serà capaç d'entrenar millor els seus algorismes i treure més suc de l'aprenentatge automàtic. En el capítol anterior vèiem com les dades mèdiques tenen moltíssim potencial per millorar la nostra vida i que ocupen moltíssim espai. Però espai exactament on?

Per poder esprémer al màxim el que ens ofereix la intel·ligència artificial, cal emmagatzemar aquestes muntanyes de dades en algun lloc.

Histèresi magnètica

Tenim perfectament assumit que quan apaguem un ordinador i el tornem a engegar, recorda tots els programes instal·lats, els documents guardats i tota altra informació. Si ens hi parem a pensar, però, no és tan evident que hagi de funcionar així! En el moment que el desconnectem de l'electricitat, els electrons deixen de circular pels seus circuits. Què passa amb tots els uns i zeros que conformen els fitxers? O, en la mateixa línia, un llapis de memòria USB, com pot recordar què té guardat quan el desconnectem del corrent?

La resposta, en part, rau en les propietats magnètiques dels materials que trobem dins dels ordinadors, llapis de memòria i aparells electrònics similars. Quan imantem un material d'aquestes propietats, és a dir, quan li acostem un camp magnètic com el d'un imant, generem un efecte que perdura en el temps, una magnetització romanent. Un exemple ben visible i que ens pot venir al cap és quan freguem un clau de ferro amb un imant i després l'acostem a un altre clau. El podem descriure amb el gràfic següent:

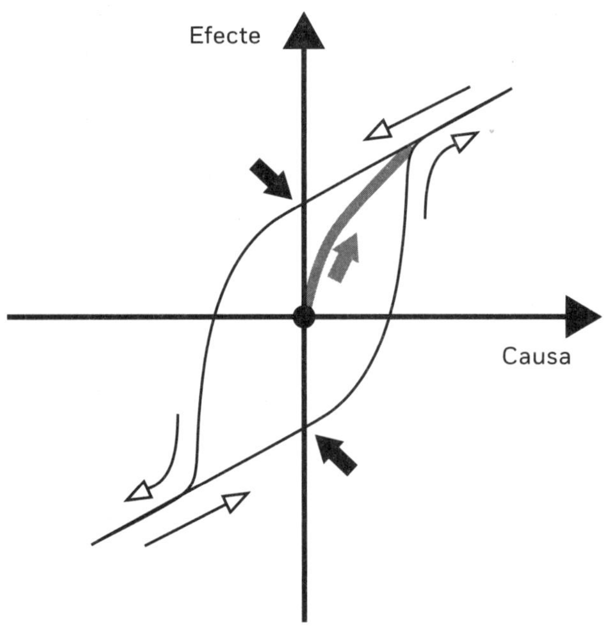

Des de fora, nosaltres podem controlar el camp magnètic que hi apliquem (causa) i observem la magnetització resultant del material (efecte). Situem-nos a l'inici del gràfic, és a dir, al punt negre central, ja que encara no hi hem aplicat cap magnetització. Imaginem-nos que hi enviem un camp magnètic molt potent: la conseqüència que veuríem al laboratori és que anem a parar a la dreta i a dalt del gràfic, seguint el camí gris i gruixut. Quan deixem de fer-ho, el nostre material no torna a una magnetització nul·la desfent el camí anterior, sinó que queda atrapat en el cicle de color negre a l'altura on la corba talla l'eix vertical, assenyalada amb una fletxa negra. Per tant, la magnetització que veiem un cop hem apagat el camp magnètic no és zero, sinó que hi queda un romanent. El material recorda que se li ha aplicat un camp magnètic!

Si volguéssim eliminar el record, hauríem d'utilitzar un camp negatiu fins a disminuir l'efecte a zero. Aquesta propietat en la resposta d'un sistema qualsevol a un estímul es coneix com a cicle d'histèresi. Si el que volem és que aquesta magnetització romanent tingui el signe contrari, podem aconseguir-ho canviant la direcció del camp magnètic extern que apliquem, per situar-nos a l'extrem esquerre inferior del gràfic, i tot just en apagar l'estímul extern, el material es desplaçarà fins a una magnetització de signe contrari, indicada al gràfic amb la fletxa negra inferior.

A l'interior d'un disc dur o una memòria externa hi trobem milers, milions de petits circuits elèctrics que presenten cicles d'histèresi. S'anomenen biestables, o flip-flops, perquè són capaços de conservar el mateix estat fins que reben un impuls extern com un camp magnètic, moment en el qual canvien a un segon estat en què també es mantenen estables, sense moure's. Si fem que el nostre ordinador entengui cadascun dels estats com un 1 o un 0, podem dir que el circuit està emmagatzemant un bit. Aquest bit es mantindrà en posició durant anys mentre no rebi un nou camp magnètic.

Exemples quotidians d'histèresi magnètica

Aplicant la histèresi a cada petit circuit de l'interior d'un disc dur o una memòria externa i controlant de forma precisa tots els camps magnètics, podem fer que l'aparell recordi els uns i els zeros de cada biestable, tot i apagar-lo. És per això també que els imants i els aparells electrònics no són gaire amics, perquè quan els acostem fem incidir nous camps magnètics que canvien els zeros i els uns, i això destrueix tot el que hi havia guardat. Un imant típic de la nevera no és prou potent, però vigileu si hi poseu un de més potent a prop del mòbil o de l'ordinador!

En moltes sèries i pel·lícules podeu veure'n exemples. Un dels més famosos és a la cinquena temporada de la sèrie *Breaking Bad*, en què els protagonistes fan servir un imant potentíssim des d'un camió per eliminar les dades d'un ordinador que la policia ha requisat. També cal dir que en la vida real aquesta tècnica s'ha fet servir per destruir ordinadors i discs durs amb proves que poguessin inculpar persones en un judici, perquè impedeix completament recuperar el que emmagatzemava.

De fet, aquest fenomen afecta encara més objectes quotidians, com ara les targetes de crèdit o les de transport públic, que també utilitzen aquest principi d'histèresi. És per això que la línia negra es diu banda magnètica! Aquella línia està formada per partícules ferromagnètiques enganxades amb una resina al cartró, i la màquina que ven el bitllet combina camps magnètics de manera precisa per codificar-hi la informació. En la línia negra és on diu si la targeta és una T-Casual, T-Usual o qualsevol altre tipus de bitllet.

De la mateixa manera que un imant pot jugar una mala passada a un ordinador, també ho pot fer amb el bitllet de transport públic. I no només un imant: és molt fàcil tenir problemes si no traiem de la cartera la targeta per entrar al gimnàs, la biblioteca o altres llocs semblants. Les màquines que les llegeixen emeten petits camps magnètics que poden interferir amb altres coses que tinguem a la cartera, i el següent cop que piquem a l'entrar al metro ens dirà: «Títol mal gravat».

Però si obrim la mirada més enllà dels camps magnètics, podem veure que els cicles d'histèresi són presents en multitud de situacions. Una de ben simple és a l'hora de climatitzar una sala amb un termòstat.

La histèresi com a eina

La causa en aquest cas és la temperatura, i l'efecte correspon a activar o apagar el termòstat. El problema sorgeix si està situat molt a prop de l'aire condicionat, perquè, com que refreda tot el voltant, fa que el termòstat s'apagui encara que no hagi aconseguit fer baixar la temperatura de tota l'habitació! Si la persona que va dissenyar l'interior ho va tenir en compte, no hauria de ser un problema.

Tot i això, hi ha un segon contratemps: just en arribar a la temperatura desitjada el termòstat es desactiva. En breus instants la sala torna a escalfar-se i, per tant, l'aparell s'activa un altre cop per refredar breument i apagar-se de nou Això comporta uns canvis constants que no són bons per al manteniment de l'aparell.

Una solució simple que resol els dos problemes alhora és la integració d'un cicle d'histèresi per la resposta del termòstat a la temperatura. Posem-hi números per entendre-ho millor: el dispositiu activa l'aire condicionat si la temperatura supera els 25 °C, però el desactiva quan baixa dels 24 °C. Per fer-ho més elegant encara, implementar aquest circuit electrònic només requereix el sensor de temperatura, tres resistències i un amplificador operacional. Si bé poden semblar components complexos, són dels més simples del món de l'electrònica i són fàcils d'aplicar en un circuit a la caixeta del termòstat.

Trobem histèresi pertot arreu

Abans de continuar posant exemples, cal que fem una visita al diccionari per definir amb claredat què significa la paraula «histèresi». El diccionari de l'Institut d'Estudis Catalans en dona una definició molt acurada: «Fenomen segons el qual un material sotmès a una força o altra causa excitadora no respon de la mateixa manera quan aquesta causa augmenta que quan disminueix». Tot i que és inapel·lable i correcta, si l'apliquem en més àmbits podem adonar-nos de la gran rellevància d'aquest fenomen més enllà de la ciència de materials.

En aquest capítol entenem la histèresi com la dependència de l'estat d'un sistema de la seva pròpia història. És a dir, per entendre per què allò que estem observant és així no només ens cal saber com ho estem estimulant, sinó que també necessitem saber com ha estat estimulat prèviament. També és possible entendre-ho a la inversa: analitzant com està un sistema que presenta histèresi podem saber com estava prèviament.

Per posar un exemple senzill, ens desplacem ràpidament al lavabo o a la cuina i obrim una aixeta. El que volem observar en el nostre sistema (l'aigua que surt de l'aixeta) és si flueix de forma laminar, és a dir, si podem veure-hi a través, o si flueix de forma turbulenta i el doll d'aigua es torna opac. La causa de l'estat del raig d'aigua pot ser el grau d'obertura de la maneta.

Si obrim a poc a poc l'aixeta, veurem com es forma un rajolí d'aigua perfectament transparent, que a mesura que movem la maneta va creixent fins que arriba un moment que es torna opac a causa de la turbulència. Si just en aquest instant canviem de direcció i comencem a tancar l'aixeta, veurem com hem d'abaixar una mica la maneta per obtenir de nou el doll d'aigua transparent. El nivell d'obertura per provocar turbulència no és el mateix que el que fa falta per aturar-la un cop ha aparegut. Per tant, si ens hi acostem amb els ulls tapats i trobem la maneta oberta en algun d'aquests estats intermedis no podrem saber si el doll d'aigua és laminar o turbulent fins que no obrim els ulls.

Un altre exemple el trobem en la temperatura de fusió i solidificació de l'agar, una substància gelatinosa provinent d'una alga que es fa servir molt en laboratoris de biologia, entre altres coses per separar proteïnes o fragments d'ADN. A temperatura ambient és una substància sòlida, però quan s'escalfa per sobre de 85 °C es fon. Ara bé, si llavors volem solidificar-la de nou, hem de rebaixar-ne la temperatura fins a uns 40 °C, de tal manera que en el rang de temperatures intermedi, l'agar pot ser tant sòlid com líquid. L'agar també s'utilitza per fabricar bastides com les descrites al primer capítol d'aquest llibre, així que al laboratori cal comprendre bé el procés de fusió i solidificació per fabricar-ne en la forma desitjada!

El cos humà no se n'escapa

Les cèl·lules del sistema nerviós que donen nom a la plataforma divulgativa Neurones Fregides també exhibeixen propietats que poden ser enteses amb histèresi. Aquestes cèl·lules són les encarregades de transmetre impulsos nerviosos, i ho fan quan reben un senyal d'una neurona propera. D'aquest senyal en diem potencial d'acció.

Tanmateix, un cop la neurona ha transmès un impuls, necessita un temps anomenat període refractari durant el qual no tornarà a transmetre un senyal per més potencial d'acció que rebi. La durada d'aquest període és d'una mil·lèsima de segon, aproximadament. Així doncs, la història més recent de la neurona també és rellevant a l'hora de saber com respondrà a un estímul i, per tant, també presenta histèresi.

Un últim exemple amb el qual també es pot provar d'experimentar a casa té a veure amb el so. Alerta, però, perquè si es fa i algú ho observa sense context potser pensarà que és una estupidesa.

La causa de l'experiment és la força amb què parlem, i l'efecte correspon al volum de la veu que projectem. Es tracta de parlar molt molt fluixet, al límit de no produir cap so. Just en el moment que aconseguim donar prou volum a les cordes vocals perquè ressonin i ens facin parlar és quan creuem el que podem anomenar el llindar de la veu.

Podríem pensar que aquesta és la força mínima amb què podem parlar, però no és així. Un cop hem superat el llindar i les cordes vocals ja estan vibrant, comprovem que podem reduir encara una mica més la intensitat de la parla i abaixar més el volum. A aquesta intensitat tan baixa no hi podríem arribar si just comencéssim a parlar.

Seria un exemple equivalent al d'aquelles nits d'estiu en què costa dormir perquè un mosquit ha decidit fer-te la guitza. L'insecte ha d'estar prou a prop de l'orella per poder sentir-lo, però un cop l'has sentit i el timpà ja vibra per avisar-te de la picada imminent, el mosquit es pot allunyar una mica sense que el deixis de sentir. Tant la parla com l'oïda presenten histèresi. Lector o lectora, et repto a trobar-ne més exemples en fenòmens quotidians! I si no en trobes, no pateixis: en trobaràs més d'inesperats més endavant!

12

El poder trencador de la veu

Pau Riera i Portillo

S'obre el teló i apareix una cantant d'òpera (generalment, una dona) que fa petar una copa de vi amb la veu. Segurament una de les representacions més tòpiques d'un fenomen físic adaptat a la vida quotidiana. Sigui en pel·lícules animades o en anuncis a la televisió, pot costar de creure que un material tan dur (i alhora tan fràgil) pugui arribar a trencar-se cantant. Encara més: quina relació podria tenir amb l'ensorrament d'un pont com el Tacoma Narrows a prop de Seattle, als Estats Units, el 1940?

Els modes normals de vibració

Per començar, deixem de banda els efectes de la veu i centrem-nos només en la copa. Farem una breu classe d'un tema que sona imponent però que no ho és tant: la mecànica estructural. Com en qualsevol altra mena d'objecte, independentment del material del qual estigui format, quan sacsegem la copa amb una certa força, vibra. Fins aquí, ben senzill. Però la cosa es complica més quan introduïm el concepte de modes normals de vibració, que són els patrons de deformació més elementals de qualsevol cos o estructura.

Fixa't en la vibració de la membrana d'un tambor: el mode més elemental podria ser el desplaçament de la zona central de la membrana amunt i avall. Tot i això, la paraula «elemental» pot ser enganyosa. Els modes normals no tenen per què ser simples. Per comprovar-ho, et recomano que donis una ullada a la pàgina de la Viquipèdia «Vibració d'una membrana circular». Just al final veuràs una sèrie d'animacions amb alguns dels modes normals d'un pedaç de tambor (intenta no espantar-te amb les fórmules matemàtiques corresponents). Hi ha animacions realment extravagants amb patrons difícils de descriure!

Saber com són els modes normals de vibració d'un cos té moltes aplicacions, perquè qualsevol moviment, deformació o vibració d'aquest cos es pot entendre com una combinació o suma dels modes. Aquesta combinació o *superposició* s'entén més fàcilment visualitzant quan caminem en diagonal perquè, al cap i a la fi, és com si ens moguéssim de costat i després endavant (o a la inversa).

Cada mode es repeteix en el temps amb una certa freqüència associada, anomenada freqüència natural. La freqüència natural més baixa és sovint la més important i es diu freqüència fonamental, associada al mode fonamental. I per si no fos ja prou complicat, depenent del material, forma i dimensions que tingui un objecte, els modes normals i les seves freqüències canvien. És a dir, una copa de vi i una de cava tindran modes diferents!

Però, ep!, això no vol dir que no puguin vibrar de la mateixa manera. Així com 2+2 i 3+1 és igual a 4, hi ha combinacions de modes normals que poden donar una vibració resultant equivalent.

Tornant al mode fonamental, el d'una copa de vi consisteix en la deformació periòdica de la vora circular superior en una el·lipse. Per trobar la freqüència fonamental de la copa, només cal donar-hi un copet amb el dit i sentir el so que fa. Aquest mètode de mesura és poc rigorós, però ens ajuda a tenir una primera idea. Per a més precisió, hi ha diversos aparells que ens permeten obtenir aquesta freqüència, tot i que generalment no són barats. Els científics passen habitualment de demanar joguines als pares de petits a demanar altres joguines a la universitat o a qualsevol bona ànima que els financi la recerca.

Parlant de mesures, et deus preguntar amb quin tipus d'unitats mesurem totes aquestes quantitats físiques. Com que els modes normals representen, al capdavall, una vibració o un desplaçament, es mesuren en metres (m). D'altra banda, la freqüència té unitats d'hertz (Hz), és a dir, s^{-1}. Això s'entén pensant en la freqüència com la inversa del període: la primera representa el nombre de cops que alguna cosa succeeix cada segon, mentre que el període ens diu el temps que passa entre esdeveniments consecutius. Evidentment, doncs, aquest té unitats de temps, és a dir, el segon (s).

En funció de la força que apliquem a la copa, s'activen o s'*exciten* (és a dir, reben més energia i, per tant, tenen més influència) uns modes o uns altres. De fet, existeix tot un camp d'anàlisi estructural dedicat a conèixer el que s'anomena resposta freqüencial d'un objecte, o com reacciona a una certa força aplicada. Tot i això, és probable que sorgeixin algunes preguntes de l'estil: com es calculen o es mesuren els modes normals? Quants n'hi ha? I en cas que n'hi hagi molts, quants n'hem de tenir en compte? Podem fer servir aquest concepte per trencar una copa o ensorrar un pont?

Molt sovint els físics són persones bastant simples: només els cal aproximar qualsevol problema, com si fos una molla elàstica, a l'anomenat cas de l'oscil·lador harmònic. És sorprenent la precisió amb què alguns fenòmens de la natura es poden explicar fent servir aquesta aproximació. Si ara imaginem que la copa està formada per un conjunt de molles molt petites, podrem definir el moviment de cadascuna resolent un gran sistema d'equacions. Òbviament, el vidre està compost per estructures atòmiques, però, al cap i a la fi, el seu comportament és bastant semblant al de les molles.

A més a més, a cada una d'aquestes molles que conformen la copa li podem associar una massa i una constant elàstica (per la llei de Hooke). De fet, com més molles considerem, més equacions hi haurà i més precisa serà la solució, és a dir, la nostra aproximació a la vibració de la copa serà millor.

Per tant, tenint en compte la massa i l'elasticitat de cada molla, podem agrupar totes les equacions, considerant totes les molles, formant dues matrius molt importants: la matriu de massa i la matriu de rigidesa. Bàsicament, la primera explica com està repartida la massa per la copa (potser hi ha zones on el vidre és més dens), i la segona ens dona una idea de com la copa resisteix a deformar-se en resposta a una força externa. El sistema matricial resultant, és a dir, el sistema d'equacions expressat amb les matrius de massa i rigidesa, s'assembla molt a l'equació d'un oscil·lador harmònic en una dimensió

$$kx = \omega^2 mx \rightarrow K\vec{x} = \omega^2 M\vec{x},$$

on k és la constant d'elasticitat de la molla en una dimensió, m és la massa associada i ω és la freqüència angular en què oscil·la. D'altra banda, apareixen també les matrius de massa i rigidesa, respectivament M i K. Aquí $\vec{x}$ és un vector on cada component representa el desplaçament de la seva petita molla associada.

Així i tot, a diferència d'una equació de primer grau, el sistema matricial anterior no té només una solució. En té, exactament, tantes com petites molles considerem que representen la copa. S'acostuma a anomenar aquesta equació problema generalitzat de valors propis, en què l'objectiu és trobar totes les parelles de vectors $\vec{x}$ i velocitats angulars ω que compleixin aquesta relació. Cada un d'aquests vectors $\vec{x}$ és un mode normal que té associada una velocitat angular ω, de la qual es pot deduir la freqüència de vibració.

Una implicació directa de tota l'explicació prèvia és veure que, com més molles pensem que té la nostra copa, més modes normals tindrà —i més precisos seran respecte als valors reals—.

Aleshores, quin és el límit? Deu mil? Cent milions? La resposta és, com tot en aquesta vida, que depèn.

En realitat, qualsevol objecte té infinits modes normals, però el que acostuma a passar és que només una petitíssima fracció acaben sent rellevants. I aquí és on passa a l'acció el que saben fer millor els físics: aproximar! És a dir, no facis servir cent modes quan la solució és *quasi* la mateixa que amb deu. La veritable virtut d'un físic és saber exactament quant és aquest *quasi* en cada cas. Per trencar la copa, ens centrarem únicament en el mode fonamental i la seva freqüència associada.

La nostra amiga (o enemiga) la ressonància

Ja hem vist que l'efecte resultant d'aplicar una força sobre la copa és l'excitació de certs modes normals i la seva combinació, depenent de com es forci la copa en qüestió. Ara bé, què pot passar si, per casualitat, aquesta força segueix un patró de repetició en el temps (és a dir, és oscil·latòria) amb una freqüència de repetició molt semblant a qualsevol de les seves freqüències naturals? Passa que el mode amb la freqüència més propera s'acobla amb la força oscil·latòria i l'amplitud resultant del desplaçament es pot arribar a multiplicar per cent, o per mil! Aquest és el fenomen de la ressonància.

La ressonància apareix en múltiples camps de la ciència, ja sigui en mecànica estructural (el cas que estem estudiant), circuits elèctrics, electromagnetisme o fins i tot física nuclear. Qualsevol lloc on hi hagi ones, ja siguin acústiques o electromagnètiques, és susceptible d'experimentar ressonància. És més, en funció de cada aplicació, la ressonància pot o bé ser desitjable, o bé un efecte a evitar.

Un exemple beneficiós és la ràdio, que amplifica el senyal que rep i transmet. Si mai has fet servir una ràdio, et deus haver fixat que té dues rodetes: una per apujar o abaixar el volum i una altra en què hi diu «tune» (de l'anglès, que vol dir «afinar»). Girant aquesta rodeta, el que fas és variar els paràmetres d'un circuit electrònic intern i canviar-ne la freqüència de ressonància, sempre que facis servir FM (sigles en anglès de «modulació de la freqüència»). Però aquesta freqüència no té res a veure amb deformacions, sinó que està relacionada amb l'oscil·lació del corrent elèctric que passa pel circuit. Quan seleccionem una certa freqüència, la ràdio en reprodueix l'emissora associada i bloca tota la resta de freqüències per evitar qualsevol interferència.

D'altra banda, en els edificis i els ponts s'ha de tenir en compte la ressonància per evitar que caiguin. Aquest últim punt no el van tenir gaire en compte els enginyers del pont Tacoma Narrows, als Estats Units. Aquest va ser el tercer pont penjant més gran del món durant els seus escassos quatre mesos d'existència, fins que es va ensorrar l'any 1940 per culpa de corrents de vent d'uns 65 km/h. Arribats aquí, pots deduir què devia passar? Com pot cedir, a priori, una estructura tan rígida com un pont davant d'una mica de tramuntana? La resposta recau, com ja et deus haver imaginat, en la ressonància.

Tot i que l'explicació científica és una mica més complexa, i inclou efectes aeroelàstics en la interacció de l'estructura amb el vent, el concepte subjacent és el mateix: l'aplicació d'una força s'acobla amb el moviment o deformació del pont i n'amplifica l'efecte. El resultat d'això: una víctima mortal (un gos que va quedar atrapat en un cotxe) i un accident tan espectacular i remarcable que apareix a la major part dels llibres científics dedicats a la mecànica estructural. Si hi estàs interessat, per internet pots trobar un metratge anomenat *Tacoma Narrows bridge collapse.* Dura uns vuit minuts i es va filmar mentre el pont s'ensorrava. Això sí, ves amb compte de no agafar gefirofòbia (literalment, por als ponts) de retruc!

Cal remarcar, però, que hi ha maneres d'evitar la ressonància, per exemple introduint elements amortidors. Com més amortiment hi hagi, més es redueix la ressonància. Però s'ha d'anar amb compte a l'hora d'amortir alegrement un objecte, perquè un sistema amb massa amortiment pot canviar totalment de comportament.

Tornant al vidre, aquest material ja incorpora amortiment a causa de les impureses que sol haver-hi a la seva estructura cristal·lina amorfa. És a dir, depenent del tipus de vidre i de la seva qualitat, tindrà més o menys amortiment, de manera que la dificultat de trencar una copa amb la veu pot variar en funció d'això. En general, ens interessa una copa amb un vidre prou fi i que soni quan el piquem amb el dit: això implica que té menys amortiment i és més deformable. En altres paraules, és més fàcil de petar.

Per tant, recapitulant: el nostre objectiu a l'hora de trencar la copa és intentar excitar el mode fonamental de la copa de vi amb la mateixa freqüència, o bé molt semblant, a la freqüència fonamental, per induir ressonància. Això farà que la deformació de la copa sigui prou gran perquè s'acabi trencant. La pregunta següent que ens hem de fer és: com excitem aquest mode amb la veu?

Les ones acústiques

El so, ja sigui causat per la teva veu o per un instrument musical, o fins i tot una explosió, és bàsicament una vibració que es transmet pel medi que la conté. Generalment, aquest medi és l'aire, però també es pot donar el cas que intentem —sense gaire èxit— parlar sota l'aigua. La propagació del so es fa mitjançant ones acústiques que fan oscil·lar, entre altres magnituds físiques, la pressió de l'aire.

Per garantir la propagació del so, un medi és imprescindible. Per exemple, el buit de l'espai exterior està en estat de complet silenci. De fet, si el so pogués propagar-se per l'espai com a l'atmosfera, el Sol seria eixordador! Uns 100 dB ens arribarien contínuament durant el dia, l'equivalent a un altaveu en un concert de rock. D'altra banda, un medi no té per què ser un fluid, sigui gasós o líquid, sinó que també es pot transmetre per sòlids.

Les ones acústiques venen determinades per una sèrie de propietats: la freqüència, l'amplitud o intensitat, la velocitat de propagació i la direcció. La primera determina com és de greu o agut un so. L'amplitud defineix com és de fort. I les dues últimes propietats són les mateixes per a la majoria dels sons emesos a l'atmosfera, on la velocitat de propagació és la velocitat del so a l'aire i la direcció és radial, allunyant-se del focus emissor d'aquest so.

Ja hem comentat que, per excitar el mode fonamental de la copa, necessitem una ona acústica amb la freqüència fonamental. Addicionalment, com que sabem que el vidre conté impureses i això genera amortiment, ens hem d'assegurar que l'amplitud del so sigui prou gran per aportar el mínim d'energia necessari per garantir el trencament per ressonància. Un valor més alt de l'amplitud assegura que la pressió de l'aire sigui més alta i, en conseqüència, que piqui més fort contra la copa.

Es calcula que la intensitat mínima aproximada que es necessita per petar el vidre és d'uns 100 dB, però pot pujar fins a 130 o 140 dB! Com hem vist abans, és millor tenir un vidre més fi perquè requerirà menys intensitat. Tot i això, és molt complicat d'arribar a aquests valors, i més de mantenir-los durant una estona. És una tasca quasi només a l'abast de persones que han entrenat la veu per cantar en grans escenaris.

A tenir en compte

Però, fins i tot si tens una veu potent, pots trigar una bona estona a trencar la copa! Per una banda, necessites bona precisió a l'hora de mesurar i reproduir la freqüència fonamental, i, per una altra, has de ser capaç de reproduir-la.

Finalment, també entra en joc l'estructura cristal·lina del vidre. Una manera alternativa d'entendre la factura del vidre és que l'esquerda que veiem és el producte d'una gran quantitat d'esquerdes microscòpiques que han augmentat de mida i s'han ajuntat. En funció del vidre i la seva estructura, pot haver-hi més o menys d'aquestes petites esquerdes. Per tant, mentre cantes a la copa, si ho fas amb la freqüència i intensitat que toca, estàs intentant que les esquerdes creixin i acabin ajuntant-se totes per acabar de trencar-la.

Potser ja és una mica tard per anunciar-ho, però NO HO PROVIS A CASA! És perillós i bastant innecessari, quan hi ha centenars de vídeos a internet en què ho fan. Relaxa't i gaudeix pensant que tu sí que saps per què la copa de vi s'ha trencat.

13

Cercant recerques

Guillem Megias Homar

En aquest capítol aprofundiré en el concepte d'algorisme i el seu funcionament en els ordinadors, explicant el funcionament d'un dels que fem servir més sovint en el nostre dia a dia: el cercador de Google. Explicaré també amb certa profunditat el seu funcionament i exemplificaré com l'àlgebra pot tenir aplicacions revolucionàries. Tancaré el capítol amb alguna referència a altres aplicacions, com són les matrius, i a possibles sistemes complexos en què es poden utilitzar. Així ho posaré amb safata perquè en el proper capítol s'introdueixin els models matemàtics.

Si una cosa compartim científics i artistes és que cap de nosaltres sap ben bé què és el que cerca. De fet, el procés de recerca interior que els artistes duen a terme per trobar la seva veu o el seu missatge és semblant al procés dels científics a l'hora d'hipotetitzar. En la ciència i en l'art, la clau de volta sempre és la pregunta a respondre.

No és una qüestió senzilla. La pregunta no només condiciona el tema que s'estudia, sinó que la mateixa formulació pot afectar la manera com enfoquem el problema. Així, les idees genials apareixen quan algú respon una pregunta per camins inexplorats, introduint eines o tècniques fins aleshores desconegudes. Aquestes respostes poden canviar completament la manera d'entendre disciplines, i per això tenen repercussions més enllà dels seus camps.

Des d'una perspectiva quotidiana, la manera com formulem les preguntes també ens afecta dia a dia. Si l'entonació de les preguntes en canvia el significat en el llenguatge parlat, en el món digital l'ordre de les paraules pot tenir resultats totalment oposats. Qualsevol que tingui una mica d'experiència fent servir Google, o algun dels seus succedanis, se n'haurà adonat.

Per exemple, a vegades, cercar paraules clau pot donar millors resultats que cercar una frase sencera. Però l'ordre dels resultats en aquests cercadors també té el seu perquè i no és arbitrari. Què fa que una pàgina aparegui sempre la primera? Entre quin conjunt de pàgines cerquem quan fem servir un cercador?

En aquest capítol ens endinsarem en el funcionament d'una de les eines indispensables que internet ens ha aportat: els cercadors web. Així com en el capítol anterior hem parlat de les matrius i els seus modes normals, en aquest cas les matrius ens serviran per codificar les relacions entre diferents pàgines web. En definitiva, intentarem entendre *grosso modo* com funciona Google. O potser només ho entendrem fins on el secret industrial ens ho permeti.

PageRank, el pilar de Google

Abans de convertir-se en una de les corporacions multinacionals més grans del món, Google va començar sent tan sols un prototip. Sergey Brin i Lawrence Page, una parella de doctorands en informàtica a la Universitat de Stanford, van idear un cercador a gran escala que feia ús de l'estructura dels enllaços web entre pàgines per indexar i rastrejar internet de manera eficient. És a dir, ordenar les pàgines per ordre d'importància. L'estratègia d'aquest cercador va marcar un abans i un després en el món d'internet i, per descomptat, en la vida de tots nosaltres.

Un dels elements fonamentals que la primera versió de Google ja feia servir és l'algorisme PageRank, que van desenvolupar els mateixos estudiants. PageRank és un dels pilars de Google i, tot i que s'hi han fet modificacions i ara ja hi ha nous criteris determinants a l'hora d'ordenar els resultats, sembla que el cercador encara el manté com un dels criteris principals quan organitza les pàgines.

La idea que hi ha al darrere de PageRank és que la rellevància d'un web depèn de la importància que li donin altres webs. De la mateixa manera que un vídeo es viralitza com més visualitzacions té, una pàgina web és més important com més pàgines la referenciïn. I com s'ho fa PageRank per determinar el nombre de referències? Doncs puntua una pàgina web fent servir el nombre d'enllaços en altres webs que redirigeixen a la pàgina en qüestió. En altres paraules, PageRank assigna una puntuació basada en la popularitat de cada pàgina.

Per entendre intuïtivament l'estratègia, podem fer una analogia amb un grup de professors. Per construir el nostre, diguem-ne, ProfRank ens basarem en tres fonaments que després transferirem al cas de les pàgines web. Amb ProfRank volem determinar com és de bo un professor a partir del que en pensen altres professors. Sí, és cert, aquesta formulació té un problema de base perquè els estudiants no hi tenen veu, però sigueu indulgents! Al capdavall, malauradament, a vegades les coses són així.

Posem-nos en la pell d'un professor. La valoració o puntuació que faré d'un col·lega amb ProfRank es veurà afectada pel següent:

1. Si tots i cadascun dels meus col·legues pensen que una persona determinada és un bon professor, segurament jo també pensaré que és un bon professor.
2. Un professor tindrà més possibilitats de ser bo si els col·legues que considero bons pensen que és bo.

Així, la puntuació que donarem a un altre professor serà la puntuació que donen els meus col·legues al professor en qüestió ponderada per la puntuació que jo dono als col·legues que avaluen el professor. La tercera consideració que haurem de tenir en compte, però, són els col·legues amb falta de criteri, perquè també n'hi ha! En el nostre sistema de puntuació, haurem d'incloure que la puntuació dels que tenen molts col·legues serà menys important que la d'aquells que només en tenen uns quants.

Vegem-ho amb un exemple. Suposem que el nostre professor Miquel Àngel té un grup de coneixences que també són professors, és a dir, un grup de col·legues. A cadascun d'aquests col·legues li hem assignat una nota de l'u al deu. Al mateix temps, cada col·lega d'en Miquel Àngel té un grup de coneixences diferent, que no necessàriament coincideix amb les coneixences d'en Miquel Àngel. Amb aquestes dues dades, podem calcular la nota d'en Miquel Àngel sumant-ne la de cadascun dels seus col·legues dividida pel nombre de coneixences de cada col·lega.

Ara bé, aquest càlcul depèn de la nota que posem als altres professors i, en un principi, no la sabem. La clau del problema, doncs, consisteix a començar amb una puntuació arbitrària per a cada professor i repetir el procés múltiples vegades fins que arribem a una llista de puntuacions que no canviï. Aquesta llista de puntuacions amb les notes de cada professor l'anomenarem vector de puntuacions.

Una manera més fàcil de resoldre el nostre problema, sense haver de repetir les operacions fins que el vector de puntuacions no canviï o convergeixi, és reescriure el nostre sistema com un sistema d'àlgebra lineal. Per fer-ho hem de crear una matriu A en què cada element sigui la fracció d'un partit pel nombre de col·legues de cada professor.

Si recordem el concepte de modes normals del capítol anterior, ens adonarem que aquest vector de puntuacions ja convergit que cerquem és, de fet, un vector propi de la matriu A. A cada iteració, la matriu A estira el vector de puntuacions cap al seu vector propi i així, a poc a poc, el vector de puntuacions esdevé el vector propi. Per tant, podem resoldre el sistema més ràpidament trobant els seus modes normals.

Aquesta idea aplicada al grup de professors es pot estendre també per a les pàgines web. Així, podem convertir per art de matemàgia el professor Miquel Àngel en la pàgina web de Neurones Fregides. En aquest cas, la seva importància serà definida pel nombre d'enllaços de cada web que hi redirigeix. Ara posem per cas que els diaris principals de Catalunya publiquessin una notícia sobre divulgació científica i hi enllacessin el web de Neurones Fregides. Com que els diaris són pàgines importants i populars, la importància del web de Neurones Fregides també augmentaria.

És a dir que PageRank és un algorisme que aconsegueix codificar amb èxit les relacions socials i humanes. D'alguna manera, la importància de les coses acaba traduïda en un acord no escrit entre tots nosaltres sobre què ens sembla interessant, fiable o divertit.

I més enllà dels enllaços?

Segurament deus haver sentit a dir alguna vegada que com més cliquis a l'enllaç d'un web, més ràpidament pujarà al rànquing de pàgines d'una cerca. És clar, el nombre de visites ha de ser necessàriament un altre dels criteris d'ordenació! Per això els webs i els vídeos que es fan virals apareixen a dalt de tot, oi?

Efectivament! Tot i la importància del PageRank, aquest no és l'únic factor que determina la posició de la pàgina en els resultats de la cerca. La localització des d'on es fa la cerca, el nombre de visites, l'adaptabilitat de les pàgines a pantalles de mòbil o tauleta, entre d'altres, són alguns dels altres factors que tenen un paper a l'hora d'ordenar els resultats. Quina és la importància de cada factor? Doncs no ho sabem. Google, com qualsevol altre cercador, és gelós de les seves estratègies i no en desvela els secrets. En qualsevol cas, però, es tracta d'un exemple interessant de com el llenguatge de les matrius ens ajuda a resoldre problemes molt complexos amb facilitat.

Sens dubte, la feina d'ordenar les pàgines que fa Google i altres cercadors és de les més importants en el món digital. Però quin és el futur d'aquests cercadors? Doncs és incert. Des de sempre els humans hem tingut la dèria de fer-nos la vida més fàcil. Quin caprici! Tant és així, que fins i tot els cercadors actuals semblen massa complexos per a determinades cerques. Fet i fet, potser no ens cal ordenar pàgines web quan fem cerques com ara «Quina és la distància entre la Terra i la Lluna?» o bé «Quan sortirà el proper llibre de Neurones Fregides?».

Per això, per a molts, les eines d'intel·ligència artificial com ChatGPT podrien acabar sent els successors dels cercadors tal com els coneixem. Tot i que funcionen d'una manera completament diferent de Google, les xarxes neuronals en què estan basades també fan servir operacions de matrius. Ja ho veieu, és un llenguatge molt versàtil. El temps dirà, però, si Google i el seu revolucionari cercador sobreviuen als avenços que ens promet la intel·ligència artificial.

14

Res més natural i universal que voler connectar

Toni Bertólez Martínez

Què tenen en comú el teu imant de Nova York de la nevera, els trols de les xarxes socials i les neurones del cervell que els falten a aquests darrers? No és el començament d'un acudit, sinó un viatge cap als orígens de la ciència de les xarxes complexes i un dels seus predecessors, l'alemany Ernst Ising. En aquest capítol aprendràs com, ara fa gairebé un segle, la ciència va intentar entendre com funcionaven els imants a nivell microscòpic, i com una cosa tan bàsica pot suposar avui una revolució per entendre la manera com funcionen la nostra societat o les malalties neurodegeneratives. A darrere de totes les connexions, també de les més naturals i universals, hi ha el model d'Ising.

Hi ha una teoria popular que diu que pots arribar fins a qualsevol persona del món connectant com a màxim sis amistats a partir de tu. És a dir, que qualsevol persona del món és l'amic d'un amic d'un amic d'un amic d'un amic d'un amic teu. Malgrat que és una teoria poc científica i probablement només un mite urbà, quan diem que el món és un mocador no anem pas desencaminats: una de les propietats de les xarxes socials és que el nombre de persones a què podem arribar creix exponencialment a mesura que hi afegim connexions. Si deixem que la cadena de les nostres amistats s'allargui, podem arribar a molta molta més gent.

En el capítol anterior hem tractat internet i les seves pàgines web a partir de l'àlgebra lineal i les matrius. Deixem descansar les neurones i construïm una imatge que podríem tocar amb les mans. Imaginem-nos internet com una xarxa immensa, una teranyina que interconnecta cadascuna de les pàgines web. Cada pàgina és un node, i cada enllaç entre una pàgina i una altra és una línia que els connecta. Si volguessis, podries construir aquesta internet a casa teva, amb tones de xinxetes i quilòmetres de fil: cada xinxeta una web, cada fil un enllaç. Ara bé, no només no en trauries l'entrellat, sinó que a més convertiries casa teva en un laberint i en destrossaries tot el fengshui.

En aquest capítol desfarem tot aquest embolic i així descobrirem el llenguatge de les xinxetes i el poder de les seves connexions. Hi ha unes lleis amagades que teixeixen totes les xarxes del món —també les humanes— i que hem descobert gràcies a la bellesa de les matemàtiques. Però no ens avancem i continuem amb internet. En concret, amb l'internet de les xarxes socials.

Connexions i xarxes per entendre la societat

Seguint amb la nostra metàfora, a les xarxes socials tots els teus retuits, tots els teus *likes*, totes les persones que segueixes, són fils que et connecten amb la resta d'usuaris. Sense adonar-nos-en, penjant les nostres selfies i fent broma en els nostres tuits, hem teixit una xarxa enorme de fils i xinxetes que arriba d'una punta a l'altra del món. Aquesta xarxa, humana com és, serà un reflex de la manera com socialitzem, com ens comuniquem amb les altres persones o com reaccionem al nostre entorn, entre altres coses.

Però encara hi ha més: les xarxes socials ens ofereixen tota aquesta informació en forma de dades, en la quantitat més gran i diversa que hem aconseguit mai en tota la història. Tones de dades que ja tenim (en part) al nostre abast. Dades que, si les sabem llegir, poden guiar-nos en algunes cruïlles on ens juguem la supervivència com a societat democràtica. Per exemple, per què ens dirigim cap a una societat polaritzada i dividida? Més enllà de l'enorme risc que això suposa per al consens i l'estabilitat d'una societat, també suposa una incògnita per a la sociologia. Com pot ser que, si els humans tendim a assemblar-nos a aquells que ens envolten, aquesta polarització augmenti i augmenti en lloc d'esvair-se?

Les xarxes socials contenen les peces del trencaclosques per resoldre problemes com aquest. Un camp de la ciència, ara en auge, pretén endreçar aquest trencaclosques: les ciències de les xarxes complexes. Per fer-ho, cal construir un model que descrigui el problema. Una manera és entendre les persones com a nodes d'una xarxa, cadascuna d'elles connectada a les seves veïnes. I les veïnes connectades a les seves respectives veïnes, i així fins a omplir tota una xarxa de nodes i connexions, com si fossin xinxetes i fils. És una xarxa complexa, construïda a partir de connexions senzilles.

Cada connexió estableix una interacció determinada. Per exemple, podem demanar als nostres nodes que intentin tenir una opinió similar a la dels seus veïns. O que vulguin oposar-s'hi totalment. O que de tant en tant els sigui una mica igual. Aleshores arriba la màgia: deixem que diferents xarxes, cadascuna amb tipus de connexions diferents, evolucionin pel seu compte. Aleshores, comparem els resultats finals de cada xarxa, triem aquelles que han acabat ben polaritzades, estudiem quin tipus de connexió hi havíem posat i intentem entendre què tenen en comú aquestes connexions polaritzadores.

Us explico una de les moltes conclusions preliminars d'un estudi com aquest: sembla que la societat es polaritza quan les persones tenen una alta capacitat de retenció de la seva antiga opinió. És a dir, malgrat estar exposades a opinions diferents, es mantenen convençudes de la seva opinió original. Si heu estat atents als capítols anteriors, aquesta capacitat de recordar potser us sonarà: la dependència d'un sistema físic de la seva història passada rep el nom d'histèresi. Així com els imants mantenen el seu camp magnètic quan ja no els forcem a tenir-lo, els humans que es polaritzen mantenen obstinadament la seva opinió. Pel bé de tots, doncs, deixem la tossuderia de banda, mantinguem-nos oberts a les opinions i escoltem per a una societat millor.

Potser esteu sorpresos que, en un fenomen tan purament social i humà com les opinions, hagi aparegut un comportament que pensàvem tan inert com la histèresi. Aquesta coincidència entre el magnetisme i la sociologia no és casual, i abasta camps molt més allunyats i inesperats del que ens podríem imaginar. Per descobrir el secret rere les xarxes complexes, hem de retrocedir cent anys i visitar els primers intents de la ciència per entendre els misteris del magnetisme. Així com diuen que viatjar obre la ment, confiem que també ho facin els viatges en el temps. Ens transportem a l'any 1922.

Una història d'imants i agulles

Fa uns capítols, apreníem que un imant es manté imantat fins i tot quan ja no hi apliquem cap camp magnètic: és la imantació romanent. Ara bé, la pregunta següent és prou lícita: i això per què? Per què un imant és capaç de mantenir la imantació i, en canvi, un tros de fusta no? A risc que això sembli un embarbussament, què passa dins l'imant quan es manté imantat?

Aquesta mateixa pregunta se la van fer, ara farà un segle, molts dels físics més importants del moment. Feia poc que s'havia descobert l'existència de l'àtom, i la ciència s'havia adonat que un àtom es comportava com una petita agulla magnètica. És a dir, cadascun dels àtoms d'un objecte és capaç de crear un minúscul camp magnètic que pot apuntar en la direcció que li vingui de gust. Aquest fenomen podia ser l'origen del magnetisme dels imants, però cadascun dels camps d'aquests àtoms és massa petit. Faria falta que tots els àtoms fossin capaços d'apuntar en la mateixa direcció i que, així, sumessin col·lectivament els seus petits camps magnètics per fer-ne un de ben gros com el d'un imant. Però com?

Per poder-ho entendre, l'any 1922 el físic Wilhelm Lenz li va proposar al seu estudiant de tesi Ernst Ising un model per explicar el comportament col·lectiu dels àtoms. El model reduïa cadascun dels àtoms de l'imant a petites agulles magnètiques, fletxes que podien apuntar amunt o podien apuntar avall, com una brúixola que apunta al nord o al sud. Si dues agulles apuntaven en la mateixa direcció, sumarien els seus minúsculs camps magnètics. Si apuntaven en direccions diferents, es contrarestarien. Ising va començar posant aquestes fletxes alineades com en una cadena, com podeu veure a la figura de més avall. Si totes les fletxes apuntessin amunt (o totes avall), tots els camps magnètics se sumarien i crearien un camp magnètic gran com el d'un imant. Aquesta mena d'ordre alineat, propi dels imants, rep el nom d'ordre ferromagnètic.

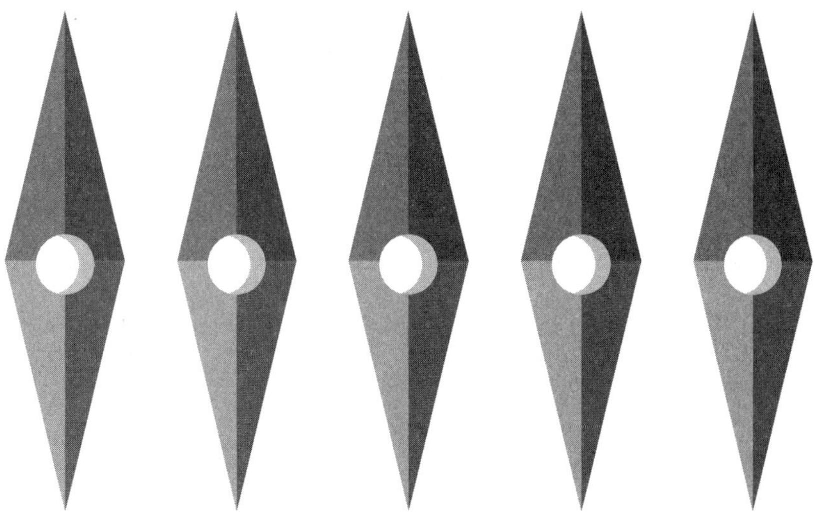

Alineació ferromagnètica d'un sistema de brúixoles.

Però a Ising encara li faltava un pas important. Encara necessitava explicar per què els àtoms, les agulles, eren capaces d'ordenar-se pel seu compte. Aleshores va proposar una solució que acabaria convertint-se en una autèntica revolució: va deixar que les agulles es comuniquessin entre elles. Hi va afegir una interacció: si la veïna d'una agulla està apuntant amunt, aquesta agulla ho notarà i intentarà també apuntar amunt. I viceversa. És a dir, va fer que les agulles intentessin estar alineades amb les dues del seu costat. L'objectiu era que, només amb aquesta comunicació, les agulles s'ordenessin per si soles i totes alineades generessin el camp magnètic de l'imant.

I ja està, això era el model d'Ising. Agulles concatenades que intenten estar alineades amb les seves veïnes. Com podeu veure, era un model que tenia tant de senzill com d'ambiciós. Pretenia resoldre un problema físic que portava dècades sense solució amb un model matemàticament quasi mínim, reduint-ho tot a la interacció entre parelles d'àtoms. Malauradament, Ising va fracassar.

Ernst Ising es va trobar amb un gran problema: per molt que fes que les agulles intentessin alinear-se, no volia dir que ho aconseguissin. En desenvolupar matemàticament el seu model, va adonar-se que l'estat ordenat d'aquesta cadena mai no era estable. Que qualsevol petita pertorbació podria arribar a trencar l'ordre de la cadena sencera. És a dir, partint d'una cadena amb totes les agulles ordenades, si per mala sort se'n gira una, l'agulla següent també es girarà per alinear-s'hi, i així s'acabarà trencant l'ordre original. Mentre que la imantació dels imants és ben estable (un imant no es desimanta per si sol), el model d'Ising semblava que no era capaç de donar-hi cap explicació.

A més de no explicar el ferromagnetisme, el model d'Ising tenia altres problemes. Els avenços en física quàntica que s'havien fet en paral·lel indicaven que no es podia reduir un àtom, amb tota la seva quàntica, a una senzilla agulla binària. Era un model que no podia ser realista, estava massa simplificat. Poc després, Heisenberg —un dels pares de la quàntica— el va millorar i va introduir-hi una interpretació física que sí que seguia les lleis de la quàntica. Tan gran va ser el fracàs d'Ernst Ising que va deixar l'acadèmia després de defensar la seva tesi i va oblidar-se d'aquest model, per no tornar-hi fins força anys més tard.

(L'important és) el que ve després del fracàs

Afortunadament, en ciència la paraula fracàs no té gaire sentit, i ho prova el fet que la història del model d'Ising no acaba aquí. Per algun motiu ha sobreviscut fins avui, amb molta més popularitat que la que va rebre en néixer. En realitat, el model tenia una fortalesa que cap altre posseïa: la seva simplicitat. Era matemàticament tan senzill que es podia resoldre fàcilment per calcular les propietats del sistema. Potser no era prou realista per descriure el ferromagnetisme, però era útil més enllà d'aquest. On alguns hi van veure un model de brossa, altres hi van trobar un tresor.

Aquesta utilitat es va manifestar quan altres científics van aplicar el model a altres tipus de materials i experiments, més enllà dels imants. Va ser llavors quan els paral·lelismes amb el model d'Ising van començar a brotar. Experiments que estudiaven la disposició dels àtoms de diferents metalls per formar un aliatge, o d'altres que estudiaven com les gotetes d'un vapor metàl·lic es dipositaven sobre un vidre. Aquest tipus de processos físics s'allunyaven de la naturalesa quàntica del magnetisme, però seguien descrivint comportaments col·lectius d'àtoms i molècules. De manera inesperada, es van adonar que les lleis que descrivien la col·lectivitat d'aquests àtoms eren, en realitat, les mateixes del model d'Ising. Encara que Ising hagués pensat només en agulles amunt i avall, el seu model era capaç d'anar molt més enllà. La senzillesa del model li atorgava una universalitat que el feia útil en moltes situacions aparentment diferents. De sobte, totes les seves eines matemàtiques es podien aplicar a una nova varietat de processos físics.

La inesperada utilitat del model d'Ising, però, no es va acabar aquí. Com dèiem, Ising va demostrar que per a una cadena d'àtoms l'ordre ferromagnètic complet no era possible. Però bé, els imants no són cadenes d'una sola dimensió, sinó que s'estenen en les tres dimensions de l'espai. I si l'ordre ferromagnètic sí que fos possible en dues i tres dimensions? Ising havia intentat respondre aquesta pregunta, però no va ser capaç de treure'n cap resultat matemàtic.

Va ser gràcies a l'avanç de les tècniques matemàtiques durant les dècades següents que es va aconseguir una solució matemàtica per al model d'Ising en dues dimensions. És a dir, per a una graella d'agulles estenent-se en un pla, amb el mateix tipus d'interacció que les feia voler alinear-se entre elles. La conclusió va ser meravellosa: aquelles fletxes sí que eren capaces d'alinear-se pel seu compte i de mantenir-se alineades. Si deixàvem el sistema de fletxes prou tranquil, ell mateix tendia a l'ordre total, amb totes les fletxes apuntant en la mateixa direcció: l'ordre ferromagnètic. El que Ernst Ising havia perseguit es complia per a dues dimensions. I, de fet, anys de recerca posteriors demostrarien que també per a tres dimensions, que és on viuen els materials que coneixem. La paciència és la mare de la ciència, sí, però ha d'anar acompanyada del treball des de diferents perspectives i de la confiança en la ciència bàsica, en què l'interès predomina sobre el realisme.

L'essència en la universalitat

D'explicar els imants a descriure comportaments sociològics a gran escala hi va un bon tros. Què és el que va fer que el model d'Ising es popularitzés tant? Com hem vist, aquest model s'havia construït en el balanç perfecte: prou senzill per tenir una solució matemàtica útil i prou detallat per descriure el mínim necessari de les interaccions entre les seves agulles. És a dir, el mínim necessari per descriure alguns sistemes experimentals reals. Però aquesta no va ser la veritable revolució que va introduir el model d'Ising.

El model d'Ising en dues dimensions, malgrat ser tan senzill, és capaç d'explicar un dels fenòmens més comuns i fascinants de la natura: els canvis d'estat. Com hem vist, quan els àtoms estan en un pla, el model d'Ising en prediu l'ordre ferromagnètic. Però si variem les condicions ambientals, les coses canvien. Per exemple, si comencem a escalfar un imant, aquesta energia que estem subministrant a cadascun dels àtoms és capaç de destruir el seu ordre: les agulles tenen prou energia per anar a la contra de les seves veïnes. Aleshores les agulles queden ordenades quasi aleatòriament i entrem en un estat oposat, l'ordre paramagnètic, en què totes es contraresten i l'imant ja no està imantat. Aquest canvi tan radical en les propietats d'un sistema degut a variar les condicions externes s'anomena transició de fase. Aquesta expressió, que sembla tan tècnica, en realitat és una cosa tan quotidiana com escalfar aigua líquida i que es converteixi en vapor. Les mateixes molècules d'aigua canvien de manera d'ordenar-se segons la seva temperatura.

La natura està plena de sistemes que exhibeixen aquesta transició de fase, i el model d'Ising, que és el model més mínim que també en mostra una, és el punt de partida perfecte per estudiar-los. Després d'aquest viatge en el temps, entenem per què en la polarització social apareixia la histèresi, una propietat del magnetisme. Quan fèiem que les persones intercanviessin les seves opinions, en realitat estàvem connectant agulles i els demanàvem que s'alineessin (o no) amb les seves veïnes, tal com va fer Ising amb els seus imants. A través d'un model com el seu, som capaços d'entendre millor la societat i els seus canvis d'estat (d'opinions no polaritzades a polaritzades). Els escenaris on podem aplicar el model d'Ising van molt més enllà, són quasi inabastables: la dinàmica dels gasos, la segregació urbana, la propagació d'incendis forestals, els canvis lingüístics d'una societat, l'estructura microscòpica dels vidres, el funcionament de la borsa...

Aquesta és, probablement, la lliçó de bellesa que hem d'extreure d'aquest capítol: si tots aquests sistemes, aparentment tan diferents, poden descriure's amb un mateix model és perquè la seva essència és la mateixa. Encara que ens sembli estrany, la natura és així. Quan ens acostem a una transició de fase, els detalls de tots aquests sistemes s'esborren i el seu comportament és —en primera aproximació— el mateix per a tots. En física, aquest és el fenomen de la universalitat i és, probablement, un dels més meravellosos que hem descobert de la natura. Per això el model d'Ising, tan senzill, és el model per excel·lència de la ciència de les xarxes complexes. S'oblida de tots els detalls innecessaris del sistema i només ens n'ofereix el més essencial. Gràcies a ell, hem aconseguit una descripció matemàtica de la universalitat de la natura.

Un misteri dels grossos: les xarxes neuronals

Ara que encarem ja el final d'aquest capítol, parem-nos un moment a mirar enrere per continuar endavant. Hem descobert que el model d'Ising és la navalla suïssa de la física, capaç de descriure'ns des del magnetisme fins a la sociologia, dos sistemes que tenien memòria de les seves propietats passades, la histèresi. Un altre sistema dels molts que presenten histèresi, i de què parlarem sobradament en els propers capítols, és el de les neurones i les xarxes neuronals. Efectivament, el model d'Ising també és una eina per ajudar-nos a entendre el nostre cervell des de la perspectiva de la física de les seves interaccions.

Té tot el sentit del món. El nostre cervell és una xarxa increïblement complexa de neurones connectades que s'envien informació. Cada neurona pot ser una xinxeta de la nostra xarxa; cada connexió, un fil de la xarxa. Per entendre el funcionament microscòpic del cervell, és imprescindible entendre com els impulsos elèctrics viatgen a través de la xarxa i com les neurones hi reaccionen. I així, el model d'Ising s'aplica a les xarxes neuronals, sota el nom de model de xarxa de Hopfield.

Per increïble que sembli, el nostre cervell encara és un dels misteris més grans. De la mateixa manera que el model d'Ising va necessitar l'avenç de moltes disciplines diferents per explicar el magnetisme, també és aquest el cas de la neurociència per explicar el funcionament del cervell. Per exemple, encara estem molt lluny de comprendre com s'ho fa per retenir la nova informació que rep i adaptar-s'hi. Sospitem que aquest procés d'aprenentatge humà és degut a les nostres neurones que treballen com una xarxa complexa, intercanviant-se impulsos elèctrics. Però, exactament, a través de quins processos ho fan? Desxifrar el pont entre el cervell —un de sol— i les neurones —incomptables— és el gran misteri. Per a resoldre'l, cal afrontar-lo des de perspectives molt diferents. Som-hi, doncs!

15

Pàvlov i els misteris de l'aprenentatge

Marc Canela Grimau

Saps què és la memòria? I l'aprenentatge associatiu? A través dels experiments de Pàvlov, en aquest capítol intentarem respondre aquestes preguntes des d'un punt de vista molt divulgatiu. Explicarem què volen dir conceptes com ara contigüitat, contingència i bloqueig, i el més important, com ens influeixen a tots nosaltres en el dia a dia. Prepara't per fer un viatge en el món de la psicologia per buscar respostes als misteris de l'aprenentatge!

Adaptar-se o morir. Tots els éssers vius, incloent-hi els humans, ens hem d'adaptar a l'entorn si volem sobreviure. Però, per habituar-nos a l'ambient, primer cal observar-lo amb atenció, identificar quins fenòmens hi passen i intentar extreure'n conclusions.

Per exemple, imaginem un home de les cavernes que no ha estat mai en contacte amb un llop. La primera vegada que sent el seu udol, com que no sap quin animal s'amaga al darrere, no reacciona de cap manera especial. Llavors, si té la mala sort de trobar-se'l, té molt poc marge de resposta i ha de fer mans i mànigues per sortir-ne viu. Ara bé, després d'aquesta experiència, el nostre amic de les cavernes aprendrà que, quan senti un udol, s'ha de posar en alerta. Per tant, si en un futur torna a sentir el crit llunyà d'un llop, reaccionarà de manera completament diferent de com va reaccionar la primera vegada.

Aquesta història és un exemple de com els éssers vius fem servir les experiències passades per predir el futur i així adaptar-nos millor al present. L'udol que abans era inofensiu ara és capaç de desencadenar en nosaltres la mateixa emoció que quan ens trobem amb un llop. Com que sentir el crit i veure l'animal són dos fenòmens que es produeixen a prop en el temps, els éssers vius aprenem a associar-los a una mateixa resposta a través d'un procés que anomenem aprenentatge associatiu.

Gossos, menjar i un diapasó

Els orígens de l'estudi de l'aprenentatge associatiu són bastant antics. El primer científic que el va observar i analitzar va ser el metge rus Ivan Pàvlov (1849-1936), que va guanyar el premi Nobel de fisiologia pels seus descobriments en l'àmbit de l'aprenentatge associatiu. Tot i que es va fer famós en aquest camp, realment va començar a treballar en això per casualitat, perquè el que realment li interessava era l'estudi del sistema digestiu.

Per als seus estudis, Pàvlov tenia un grup de gossos al laboratori dels quals recollia els sucs digestius, sobretot la saliva. Aconseguia fer-los salivar col·locant-los una mica de pols de carn sobre la llengua. Aquesta reacció dels gossos és un reflex natural davant d'un estímul: més concretament, la producció de saliva com a resposta al menjar. No es tracta d'alguna cosa que hagin après, sinó que els surt de manera instintiva.

Tanmateix, un dia va passar una cosa que Pàvlov no s'esperava. Es va adonar que els seus gossos salivaven abans de començar l'experiment, és a dir, abans que se'ls administrés la pols de carn. Per tant, salivaven sense l'estímul que desencadenava aquesta reacció. Com és possible que aparegui una resposta en absència de l'estímul que la desencadena? Sense estímul no hauria d'haver-hi reacció, però, en aquest cas, Pàvlov estava observant salivació sense que els hagués posat pols de carn sobre la llengua.

Com faria qualsevol bon científic, Pàvlov va aplicar el mètode científic per trobar la solució a aquest problema. Partint de la hipòtesi que els gossos salivaven perquè anticipaven l'arribada del menjar, va anotar minuciosament tot el que passava al seu laboratori fins a adonar-se que els animals començaven a produir saliva quan ell entrava al laboratori. En veure això, va suggerir que la seva arribada servia als animals per anticipar la pols de carn que tant els agradava. Els gossos havien après a associar la presència del científic amb l'hora de menjar a través d'un tipus d'aprenentatge associatiu que va anomenar condicionament pavlovià o clàssic.

Per posar a prova la seva teoria, Pàvlov va introduir un nou estímul més clar i distintiu: el so d'un diapasó. A simple vista, aquest so és un estímul neutre. Els gossos hi presten atenció quan sona, però no té rellevància per a ells ni s'esperaria que salivessin. Ara bé, fent sonar el diapasó i alhora mostrant-los el menjar durant diversos dies, el que en diríem assajos d'aparellament, Pàvlov va aconseguir que en fer-lo sonar els gossos comencessin a salivar. Només de sentir aquell so, els animals anticipaven que era l'hora de menjar.

La salivació davant del so del diapasó no és un reflex natural, sinó una conducta adquirida per l'experiència durant els assajos d'aparellament. És el que Pàvlov va anomenar resposta condicionada, ja que la condició per adquirir aquesta conducta és la presència d'assajos d'aparellament entre el menjar i el so del diapasó. Per tant, gràcies a un procés d'aprenentatge pavlovià, els animals acaben responent al diapasó d'una manera diferent que a l'inici.

Veiem doncs que Pàvlov va fer servir dos tipus d'estímul: un d'incondicionat i un altre de neutre. El menjar seria un estímul incondicionat perquè indueix per si mateix la salivació en els animals. És a dir, sense cap mena d'entrenament, l'aparició de l'estímul incondicionat provoca un reflex incondicionat. D'altra banda, els estímuls neutres serien tant l'arribada de Pàvlov al laboratori com el so del diapasó. En principi no provoquen una resposta evident, però, després d'uns quants assajos d'aparellament, guanyen importància i causen una reacció en l'organisme. Això és molt important a escala evolutiva, perquè possibilita noves respostes davant d'estímuls que en principi eren neutres, com ara l'udol del llop en l'exemple del principi. I, per tant, gràcies a l'aprenentatge associatiu, augmenten les possibilitats de supervivència de l'individu.

Junts per sempre

Arribats a aquest punt, sorgeix una nova pregunta: sempre que mostrem dos estímuls hi haurà un aprenentatge associatiu, o poden donar-se casos en què no es produeixi? Sembla evident que la condició perquè s'associïn és que es presentin junts, perquè no hi pot haver aprenentatge si estan separats. Aquesta mateixa idea és la conclusió a la qual va arribar Pàvlov i que anys més tard batejaria com a llei de la contigüitat: un estímul neutre esdevindrà significatiu si coincideix en el mateix espai i temps amb un estímul incondicionat. Per tant, si mostrem junts el so del diapasó i el menjar, s'acaben associant.

A primer cop d'ull no sembla gaire complex, però la realitat és més enrevessada del que aparenta. Els estímuls es poden presentar de forma seriada o simultània, cosa que varia l'eficàcia de l'aprenentatge. En una presentació seriada, es mostra un estímul rere l'altre sense encavalcar-se. Per exemple, tocar el diapasó i, un cop s'acaba el so, donar menjar als gossos. En canvi, en les presentacions simultànies, els dos estímuls apareixen alhora.

Les presentacions seriades i les simultànies donen diferents rendiments. A primera vista es podria pensar que els procediments en què els dos estímuls es mostren simultàniament donen més bon resultat que els seriats per la coincidència més exacta entre espai i temps. Res més lluny de la realitat. Els procediments seriats són els més eficaços, mentre que els simultanis mostren un aprenentatge més lent i costós. Quin és el motiu d'aquesta diferència?

Primer de tot hem de recordar que l'objectiu del condicionament pavlovià és que el subjecte aprengui a anticipar una cosa important. Per exemple, els gossos fan servir el so del diapasó per anticipar l'arribada del menjar. Per això la presentació de l'estímul neutre ha d'avançar-se una mica a l'estímul incondicionat i permetre així que en un futur es pugui utilitzar com a predictor. En canvi, si en el primer aparellament mostrem alhora tots dos estímuls, el subjecte centra més l'atenció sobre l'estímul incondicionat perquè té molta més importància biològica. És a dir, en una presentació simultània, l'atenció va dirigida cap a l'estímul incondicionat i s'ignora més el neutre, cosa que dificulta la formació de l'associació.

Rellevants i sorprenents

Acabem de veure que, segons la llei de la contigüitat, dos estímuls s'associaran si es presenten pròxims en l'espai i el temps. Però passarà sempre, sense excepcions? La resposta sembla ser negativa. Per desgràcia, algunes vegades pot haver-hi casos de contigüitat sense aprenentatge. Per explicar què passa en aquestes excepcions cal recórrer a la llei de la contingència, postulada pel psicòleg estatunidenc Robert Rescorla (1940-2020).

Segons la llei de la contingència, cal parar atenció al valor informatiu de l'estímul neutre sobre l'incondicionat, és a dir, si un estímul és útil per predir l'aparició de l'altre. Per entendre-ho millor, suposem que algunes vegades alimentem els gossos després del so del diapasó i d'altres sense aquest so. En aquest exemple, l'estímul incondicionat pot donar-se algunes vegades sol i d'altres acompanyat de l'estímul neutre. Si aquest fos el cas, el so del diapasó seria un molt mal predictor, perquè el menjar podria tenir lloc sense prèvia aparició del so. Vindria a ser com si tots dos estímuls es produïssin a l'atzar i no poguéssim predir res. Per tant, en aquesta situació la contingència entre els dos estímuls seria nul·la i els gossos no aprendrien a associar-los.

Un cas pràctic de la llei de la contingència és el que els psicòlegs anomenen efecte de bloqueig. El bloqueig es dona quan, després d'associar un estímul neutre a un d'incondicionat, es bloqueja qualsevol aprenentatge posterior que es vulgui fer sobre l'estímul incondicionat. Per exemple, imaginem que hem associat amb èxit el so del diapasó al menjar i, per tant, hi ha salivació cada vegada que sona. Doncs bé, si ara intentem associar el menjar a un nou estímul neutre, com ara el so d'una trompeta, els gossos tindran moltes dificultats per aprendre'l. Mentre que saliven sense problemes davant del so del diapasó, mostren poca resposta davant de la trompeta fins i tot fent molts assajos d'aparellament. Però, per què el so del diapasó prèviament condicionat està bloquejant l'aprenentatge del de la trompeta? La resposta ens la dona la llei de la contingència: si un estímul neutre no és útil, la contingència serà zero i no hi haurà aprenentatge. El so de la trompeta no és necessari per predir l'aparició del menjar, perquè podem fer-ho perfectament amb el diapasó. Per tant, com que és irrellevant, els gossos no gastaran energia a crear una nova associació.

Tots els éssers vius poden aprendre?

Fins ara hem parlat del condicionament pavlovià, un tipus d'aprenentatge associatiu imprescindible per aprendre a relacionar estímuls. A més a més, hem comprovat que per aprendre cal que els dos estímuls estiguin a prop en l'espai i el temps (llei de la contigüitat), i que l'un permeti predir l'altre (llei de la contingència). Ara bé, ens ha quedat per contestar una pregunta que potser és la més important. Qualsevol ésser viu del planeta Terra pot aprendre, o això només està reservat als organismes més complexos?

Un dels requisits per aprendre a través del condicionament pavlovià és tenir un sistema nerviós. Cal que l'organisme tingui òrgans dels sentits, ni que siguin molt primitius, per poder captar els estímuls físics del seu ambient. Aquests estímuls, com ara les ones sonores en el cas del diapasó, es transformen en senyals elèctrics que viatgen a través d'unes cèl·lules molt especials: les neurones. De fet, amb això ja n'hi ha prou, no cal que hi hagi cap mena de cervell desenvolupat per tenir aprenentatge. Prenem com a exemple el cuc *Caenorhabditis elegants*, que, amb només les seves 302 neurones, és capaç d'associar estímuls neutres a d'altres d'incondicionats.

Per tant, si un cuc amb només 302 neurones pot arribar a fer això, imagina't tot el que podem fer nosaltres amb més de 86.000 milions de neurones organitzades al voltant d'una estructura tan complexa com és el cervell humà. Amb aquesta màquina cognitiva podem portar l'aprenentatge a un altre nivell i desplegar noves capacitats, com ara el llenguatge o la formació de mapes mentals per navegar per l'espai.

16

El GPS del cervell

Mariona Colomer Rosell

Saber orientar-se i navegar per l'espai és una habilitat crucial per a la supervivència. Si bé actualment existeixen eines digitals com el GPS, a la pràctica ens trobem en moltes situacions en què no l'utilitzem i, si ens hi parem a pensar, el nostre cervell és el millor GPS del mercat! Com sabem el camí de l'habitació a la cuina de casa nostra? Com s'orienta Leo Messi al camp de futbol? Per què els animals saben on és un precipici? Tot això és gràcies a unes neurones especials que aviat coneixerem.

Navegar per l'espai

El sistema nerviós dels éssers vius és capaç d'aprendre a partir d'associar estímuls concrets. En sistemes tan complexos com el nostre, ha anat molt més enllà, desenvolupant habilitats molt més abstractes i fascinants. Una d'aquestes habilitats, que ens ha permès sobreviure, és la capacitat d'orientar-nos i navegar per l'espai. Actualment, gràcies a la tecnologia, podem ubicar-nos fàcilment. A través del sistema de posicionament global (GPS, per les sigles en anglès), ens podem orientar en el mapamundi i conèixer a l'instant la ruta entre dos punts qualssevol del món.

Però el GPS no sempre ha existit, i tant els humans com els animals podem orientar-nos i navegar per l'espai amb el nostre cervell. Navegar per l'espai requereix no només conèixer-lo, sinó també traçar en la nostra imaginació la ruta per poder moure'ns d'un lloc a l'altre. És una habilitat que comencem a desenvolupar de petits, per exemple, quan gategem per atrapar el biberó que hi ha uns metres més enllà. Però com ens ho fem?

Com tots els coneixements científics, el descobriment del GPS del cervell no va passar de cop i volta sinó que ha estat l'acumulació de diferents experiments el que ha anat posant llum a la manera com ens orientem per l'espai.

El nostre cervell està format per bilions de cèl·lules, anomenades neurones, que transmeten informació a través d'interaccions anomenades sinapsis. Quan una neurona s'activa, un conjunt de molècules que tenen càrrega elèctrica entren i surten de la neurona i creen el que s'anomena un impuls nerviós. Estudiar la relació que hi ha entre les neurones que s'activen i els estímuls externs ens permet conèixer la funció de les diferents àrees del cervell i dels circuits neuronals. I, encara més fascinant, ens permet descobrir com comportaments tan complexos com el llenguatge, la visió o moure's estan codificats a nivell biològic.

Les sinapsis, és a dir, les interaccions entre les neurones, poden ser tant en forma de senyals químics com elèctrics. Les molècules, anomenades neurotransmissors, circulen d'una neurona a l'altra i poden tenir funcions activadores o inhibidores. Ens ho podem imaginar com una cadena de missatgers que es van passant els missatges (impulsos nerviosos) a través de cartes diverses que tenen instruccions (els neurotransmissors). Precisament, les inhibicions són molt importants perquè, si en una xarxa neuronal s'activessin totes les neurones alhora, el cervell no podria distingir entre experiències diferents. Les inhibicions, doncs, tenen un paper important a l'hora de separar informació i fer-ho de manera precisa. Ens podem imaginar el cervell com si fos un cotxe, amb el pedal del fre i de l'acceleració. Doncs bé, per defecte, el cervell sempre té el pedal de l'accelerador trepitjat al màxim. I per regular la seva velocitat fa servir sinapsis inhibitòries. És a dir, gas a fons, i si de cas ja el frenarem quan convingui per poder adaptar-nos a cada situació.

L'estructura del cervell recorda la d'una ceba, perquè està organitzada per capes. Cadascuna d'aquestes capes té, al seu torn, regions diferents amb funcions especialitzades. Per exemple, la capa més externa és l'escorça, i entre les seves regions hi ha l'escorça visual i l'escorça motora. Tenen en comú que s'encarreguen de rebre i processar informació: l'escorça visual rep estímuls de la visió i l'escorça motora, estímuls del moviment del nostre cos. En concret, l'escorça motora és la responsable de processar i controlar els moviments que fem amb el cos, des de moure els dits per agafar un vas d'aigua fins a coordinar les cames per pedalar.

Les cèl·lules de lloc

A finals dels anys 1970 se sabia que hi havia una regió del cervell dels rosegadors que, quan estava malmesa, els feia perdre la capacitat de navegar per l'espai i orientar-se. Aquesta àrea s'anomena hipocamp, per la seva semblança amb el cavallet marí (*hippókampos*). L'hipocamp és una regió petita del cervell que està amagada a dins, com si fos el cor d'una ceba, i ocupa els dos costats del cervell.

Per esbrinar la funció de l'hipocamp, va ser de molt interès el curiós cas de Henry Molaison, conegut per les inicials HM (sí, com la cadena de roba!). A causa d'una forta epilèpsia, li van haver d'extreure una gran part de l'hipocamp als vint-i-sis anys, perquè era l'únic tractament possible l'any 1953. Si bé l'operació va ser un èxit, l'endemà Henry Molaison havia perdut la capacitat de transformar la memòria a curt termini en records. La seva memòria a llarg termini s'havia quedat estancada al 1953. Al cap d'uns anys, ni tan sols es podia reconèixer al mirall, perquè el record que tenia de si mateix era amb la seva cara de jove. I això que, després de l'operació, encara va viure cinquanta anys!

El 1971, el científic John O'Keefe i el seu estudiant Jonathan Dovstrovsky van descobrir que quan un rosegador es movia per la sorra, hi havia unes neurones de l'hipocamp que sempre s'activaven quan passava per un lloc concret. Aquestes neurones amb propietats espacials les van anomenar cèl·lules de lloc. Per exemple, en el cas del cervell de Lionel Messi, hi hauria unes cèl·lules de lloc que s'activarien quan fos a prop de la porteria, unes altres quan passés pel centre del camp, i també hi hauria unes neurones que s'activarien a la zona de córner, i així amb tots els espais del camp de futbol.

Navegar per la natura

Saber orientar-se i navegar per l'espai és una habilitat crucial per a la supervivència. Escapar-se dels predadors, cercar aliments pel bosc o migrar per combatre el fred són tasques que requereixen la navegació espacial i que són indispensables per a diferents espècies.

De cèl·lules de lloc se n'han trobat en humans, primats i rosegadors, però també en ocells i peixos. En el primer cas, com és natural, les cèl·lules de lloc s'activen en posicions molt concretes en l'espai de dues dimensions, com pot ser un camp de futbol. Però l'hàbitat dels ocells i els peixos és tridimensional, com ara nedar en un llac, ja que també es mouen en l'eix vertical.

Els científics van estudiar, doncs, com funciona l'hipocamp dels ratpenats, que necessiten una bona orientació per moure's en la foscor en les tres dimensions de l'espai. I sorprenentment van descobrir que tenen cèl·lules de lloc que s'activen en diferents alçades, i així creen un mapa tridimensional de l'espai. Però encara quedaven moltes neurones espacials per descobrir.

Una llibreta quadriculada al cervell

Més endavant, els científics May-Britt Moser i Edvard Moser van estudiar l'escorça entorínica, que, com si fos el coll d'una ampolla, és la principal zona d'entrada d'informació de l'hipocamp. Allà hi van descobrir unes cèl·lules que estaven actives en punts concrets de l'espai cada cop que l'animal es movia en una direcció. Com si fos la quadrícula d'una llibreta, l'activitat d'aquestes neurones formava un patró molt característic, i les van anomenar cèl·lules de quadrícula. Però quina pot ser la funció que unes neurones s'activin formant una xarxa a l'espai?

Per entendre-ho cal que tanquem els ulls. Metafòricament, que heu de seguir llegint. En la foscor, ens és possible orientar-nos en una regió malgrat no poder veure-la. En absència d'estímuls visuals, auditius, olfactius o tàctils, el nostre cervell encara és capaç de reconèixer la nostra ubicació en un espai si ens movem. Aquesta capacitat s'anomena integració de camí i és el que ens permet imaginar-nos rutes i camins a explorar. Per exemple, ens permet saber quina trajectòria hem recorregut com en els mítics mapes del tresor, on les indicacions són «dues passes a l'est, tres passes al nord i una a l'oest».

Les cèl·lules de quadrícula tenen un paper molt important perquè creen un mapa de coordenades per poder ubicar-nos en l'espai. Com si fos un tauler d'escacs, el nostre cervell utilitza aquesta quadrícula per saber quantes caselles ens hem mogut a l'espai, i així saber quin camí hem recorregut. Precisament, l'escorça entorínica, on hi ha aquestes cèl·lules, és la primera àrea del cervell que és afectada per la malaltia de l'Alzheimer, i és per això que un dels símptomes més rellevants de la malaltia és la desorientació espacial.

Anys més tard, es van descobrir cèl·lules en aquella zona del cervell (el circuit de l'hipocamp i l'escorça entorínica) amb altres propietats espacials. Entre d'altres, es van descobrir les cèl·lules de contorn, que són molt semblants a les cèl·lules de lloc però tenen la particularitat d'activar-se en els rosegadors sempre que són al costat d'una paret. Però no només això, sinó que també s'activen prop d'un precipici, com ara un penya-segat. Les neurones de contorn, doncs, permeten senyalitzar els límits fins on l'individu pot navegar i suposen un clar avantatge per afavorir la supervivència en espais perillosos.

Un mapa mental de l'espai i més!

Pel descobriment de les cèl·lules de lloc i les cèl·lules de quadrícula van ser guardonats amb el premi Nobel de medicina els investigadors John O'Keefe, May-Britt Moser i Edvard Moser el 2014, i des de llavors s'han fet més investigacions per entendre millor com funciona el mapa cognitiu, que és el mapa mental de l'espai que tenim al cervell, el nostre GPS intern.

No només s'han descobert cèl·lules que varien la seva activitat amb l'espai, sinó que també n'hi ha que juguen amb el temps. És el cas de les cèl·lules de velocitat, que, com el seu nom indica, depenen de la velocitat a la qual es mou l'animal. O les cèl·lules de la direcció del cap, que s'activen depenent de la seva inclinació lateral, per exemple si mira endavant o endarrere.

Així, tornant a l'exemple de Messi, el futbolista tindria unes neurones que s'activen segons la seva posició al camp de joc, però també tindria neurones l'activació de les quals dependria de la velocitat del jugador o la direcció del seu cap.

Però a l'hipocamp no només hi trobem mapes mentals de l'espai físic, sinó que aquesta regió del cervell també pot crear mapes d'altres estructures com per exemple la música. Quan toques la guitarra, la flauta o el teu instrument preferit, cada nota s'organitza en aquesta zona del cervell com si fos un mapa.

Planificar el camí

El conjunt de cèl·lules amb diferents propietats espacials que es troben en l'hipocamp i l'escorça entorínica formen el mapa cognitiu que ens permet moure'ns i navegar per l'espai, tant amb llum com en la foscor.

A més a més, el mapa cognitiu no només ens indica la posició on ens trobem sinó que permet planejar rutes i recalcular-les en cas que hi hagi obstacles pel camí. És a dir, podem imaginar dins del cap rutes que no hem fet i planificar estratègies per assolir els nostres objectius. En un primer moment, aquesta tasca sembla trivial, però és precisament una feina d'alta complexitat per als ordinadors i els sistemes computacionals. Si ens parem a pensar-hi, ens passem els dies solucionant laberints: quan pensem el camí més ràpid per anar de casa al forn de pa, si anem de la nostra habitació a la cuina per fer un mos o quan dissenyem una ruta per anar de passeig en bicicleta pel poble del costat i no ens volem perdre aquell camp de flors tan bonic del qual tothom parla.

Precisament, un ofici que requereix utilitzar molt aquesta capacitat de planificació espacial és la conducció de taxis. Antigament, els taxistes necessitaven memoritzar i aprendre's el mapa de la ciutat on treballaven, i imaginar-hi rutes, des dels carrers de la Gran Poma, per als taxis grocs de Nova York, fins als carrers de l'Eixample i els sinuosos carrerons del Gòtic per als taxistes de Barcelona. Els científics van observar que precisament l'àrea del cervell responsable de la navegació espacial, l'hipocamp, tenia una estructura diferent en els taxistes. En l'estudi, van quantificar que el seu hipocamp era significativament més gros que el de la resta de la població.

Si has voltat per la ciutat de Barcelona i has tingut l'experiència d'haver d'anar amb metro, potser t'ha passat que en sortir de l'estació no sabies si estaves mirant cap a Collserola o cap al mar. De sobte, però, veus una referència i t'adones que tens el cap orientat en direcció muntanya. En aquell moment, el teu mapa mental s'orienta sobre el terreny físic i t'ubiques en la quadrícula de la ciutat. Aquesta experiència, que molts hem viscut, és precisament el nostre mapa cognitiu encaixant amb el lloc on som, com si fos una peça del trencaclosques que aconseguim orientar de la manera correcta.

L'espai i els records

Saber orientar-se per l'espai i navegar-hi va molt lligat a la memòria, perquè de la mateixa manera que el GPS del mòbil necessita els seus mapes, nosaltres hem de conèixer i memoritzar l'entorn que ens envolta per poder crear el mapa cognitiu. De fet, una experiència que ens pot resultar familiar és la d'entrar en una habitació i oblidar el que hi anàvem a fer. Per exemple, som a mitja tarda i ens agafa una mica de set. Decidim anar a la cuina a fer-nos un suc de taronja, però, quan hi entrem, de sobte no recordem què hi anàvem a fer.

Aquest fenomen, que s'anomena efecte de la porta, s'està estudiant i es creu que el provoca el fet que quan passem la porta per anar d'un lloc a l'altre no només canviem d'habitació sinó que també canviem de mapa mental. Els nostres records van molt lligats amb l'espai, i no és estrany, doncs, que l'hipocamp estigui també especialitzat a processar i codificar la memòria a llarg termini. En aquesta regió del cervell s'hi emmagatzemen records a partir de neurones que s'activen alhora.

Les xarxes neuronals de l'hipocamp, per tant, codifiquen i organitzen els records i les experiències no relacionats necessàriament amb l'espai. Els records són xarxes neuronals i connexions sinàptiques que estan constantment experimentant canvis. La informació al nostre cervell circula de neurona a neurona formant memòries i vivències. Així que, ep, vigila que no et fregeixis les neurones!

Epíleg

Una tasca i una voluntat: divulgar ciència

Víctor Jiménez Martínez

Al llarg dels últims setze capítols, una petita part del món se'ns ha obert davant dels ulls. Petits grans de sorra descoberts entre aquestes pàgines han acabat formant platges plenes d'explicacions, històries i descobriments. I lluny de ser realitats aïllades, hem estat testimonis de tota aquella maquinària diversa que tenim a les nostres mans per estudiar un mateix món. Visions i explicacions que ens fan entendre el món on vivim. I no és estrany que des d'aquestes platges puguem apuntar a un horitzó d'incògnites encara per explorar. Almenys esperem que la curiositat que tothom porta a dins no hagi fet més que créixer.

Un dels màxims desitjos que tenim els autors d'aquest llibre és que tot allò que hem explicat, o almenys una part, quedi obsolet en un futur. El coneixement científic sempre és provisional i perfectible, és a dir, sempre està subjecte a millorar, actualitzar-se i adaptar-se a les noves visions que es descobreixen. I esperem que aquest futur vingui més d'hora que tard, i que com a lector això no sigui més que un pas del camí.

Les ciències són dinàmiques. Per molt que costi d'assumir, el coneixement científic pot canviar ràpidament. Lluny de ser estàtic, hem d'acceptar que el debat i la negació són parts inherents d'aquesta activitat. I això no vol dir que sigui inestable i poc fiable. En una societat d'immediatesa i consum frenètic, la cabuda d'una activitat així pot ser difícil de gestionar.

És per això que la comunicació hi té un paper clau, des d'allò més bàsic o remot fins als petits i grans avenços que semblen trencar amb visions anteriors. Entendre el passat i l'estat actual és un recurs fantàstic per assimilar els fronts oberts i els canvis que vindran.

Les diverses eines de l'actualitat ens poden ajudar a estar al dia. Les xarxes socials i els mitjans moderns són aliats en aquesta carrera que empeny el món a la immediatesa, i brinden un altaveu a la gent de ciència per acostar les persones a la comunitat científica i fer-les partícips dels seus avenços. Però l'abundància d'informació i d'estímuls en un mar on, a sobre, no tota la informació és de fiar, és un perill que aclapara en l'objectiu de transmetre ciència. La comunicació ha d'anar acompanyada d'informació, contrast, rigor i, sobretot, molta cura, amb una metodologia i fonts fiables al darrere que facin de suport. Però, malauradament, la tasca no s'acaba aquí, perquè amb això no n'hi ha prou. La comunicació ha d'aconseguir ser atractiva i convincent, i ha de destacar per sobre de tot allò que s'erigeix en informació o coneixement i no és més que aparença. La tasca de comunicar és una lluita constant contra la difusió de les famoses *fake news*, visions anticientífiques, pseudocientífiques i conspiracions de tota mena. I més enllà de tenir respostes, nosaltres mateixos ens veiem immersos a superar aquests reptes cada dia.

Les persones que hem escrit aquest llibre venim de branques diverses i d'ambients molt diferents, però totes hem coincidit en un mateix impuls: comunicar. D'aquí han nascut els molts projectes dels quals formem part, que intenten emprendre aquesta tasca meravellosa i desafiant servint-se de totes les eines que hi ha al nostre voltant: de les més clàssiques a les més innovadores. Aquests esforços conjunts van convergir en el naixement de Neurones Fregides com a plataforma per impulsar, defensar i promocionar la comunicació científica en tota la seva esplendor, i fent-ho en català.

Darrere les ciències i la comunicació hi ha persones amb la seva vida, històries i projectes. Per això hem inclòs l'apartat *Sobre els autors*, perquè posis cara a aquells que han donat veu al llibre i vegis els projectes que donen veu a les ciències cada dia. Neurones Fregides seguirà on és, principalment a les xarxes socials (@neurofregides) i en els diversos projectes que ens permetin continuar comunicant.

Com a part intrínseca d'aquesta comunitat, tenim clares dues coses: la naturalesa plural i la interconnexió que ens porten al símil d'una xarxa de neurones connectades entre si, i el rigor i la defensa de transmetre un coneixement científic fiable en català. Compartir aquest viatge és cosa de tots.

Referències bibliogràfiques

1. ES PODEN CREAR ÒRGANS AL LABORATORI?

Atala, A., Bauer, S. B., Soker, S., Yoo, J. J., Retik, A. B. (2006), «Tissue-engineered autologous bladders for patients needing cystoplasty», *Lancet*, 367 (9518), p. 1241-1246, https://doi.org/10.1016/S0140-6736(06)68438-9

Kim, J., Koo, B.-K., Knoblich, J. A. (2020), «Human organoids: model systems for human biology and medicine», *Nature Reviews Molecular Cell Biology*, 21 (10), p. 571-584, https://doi.org/10.1038/s41580-020-0259-3

Sjöqvist, S., Jungebluth, P., Ling Lim, M., Haag, J. C., Gustafsson, Y., Lemon, G., *et al.* (2014), «Experimental orthotopic transplantation of a tissue-engineered oesophagus in rats», *Nature Communications*, 5 (1), 3562. https://doi.org/10.1038/ncomms4562

Vacanti, C. A., Langer, R., Schloo, B., Vacanti, J. P. (1991), «Synthetic biodegradable polymers seeded with chondrocytes provide a template for new cartilage formation», *Plastic and Reconstructive Surgery*, 88 (5).

2. JA NO CAL ESCOLLIR ENTRE LLETRES O CIÈNCIES!

Watson, J. D., Crick, F. H. (1953), «The structure of DNA», *Cold*

Spring Harbor symposia on quantitative biology, vol. 18, Nova York, Cold Spring Harbor Laboratory Press, p. 123-131.

Crick, F. (1970), «Central dogma of molecular biology», *Nature*, 227 (5258), p. 561-563.

Morange, M. (2009), «The central dogma of molecular biology». *Resonance: Journal of Science Education*, 14 (3), p. 236-247.

3. LES MATEMÀTIQUES I EL TEMPS

Arrowsmith, D. K., Place, C. M. (1994), *An introduction to dynamical systems*, Cambridge, Cambridge University Press.

Dumortier, F., Llibre, J., Artés, J. C. (2006), *Qualitative theory of planar differential systems*. Berlín, Heidelberg, Springer.

Edelstein-Keshet, L. (2005), *Mathematical models in biology*, Filadèlfia, SIAM.

4. UN FUTUR D'ALIMENTS TRANSGÈNICS?

Abbas, M. S. T. (2018), «Genetically engineered (modified) crops (*Bacillus thuringiensis* crops) and the world controversy on their safety», *Egyptian Journal of Biological Pest Control*, vol. 28, https://doi.org/10.1186/s41938-018-0051-2

Areal, F. A., Riesgo, L. (2022), *Sustainability of Bt maize in Spain (1998-2021): An economic, social and environmental analysis*, Madrid, Fundación Antama, https://fundacion-antama.org/wp-content/uploads/2022/04/20220418-INFORME-BENEFICIOS-1998-2021-english_FINAL_.pdf

Dong, O. X., Ronald, P. C. (2019), «Genetic engineering for disease resistance in plants: Recent progress and future perspectives», *Plant Physiology*, vol. 180, p. 26-38, https://doi.org/10.1104/pp.18.01224

Hussain, A., Ding, X., Alariqi, M., Manghwar, H., Hui, F., Li, Y., Cheng, J., Wu, C., Cao, J., Jin, S. (2021), «Herbicide resistance: Another hot agronomic trait for plant genome editing», *Plants*, vol. 10, p. 621, https://doi.org/10.3390/plants10040621

Kumar, K., Gambhir, G., Dass, A., Tripathi, A. K., Singh, A., Jha, A. K., Yadava, P., Choudhary, M., Rakshit, S. (2020), «Genetically modified crops: current status and future prospects», *Planta,* vol. 251, https://doi.org/10.1007/s00425-020-03372-8

Nandula, V. K. (2019), «Herbicide resistance traits in maize and soybean: Current status and future outlook», *Plants*, vol. 8, p. 337, https://doi.org/10.3390/plants8090337

European Parliament resolution of 7 July 2021 on the draft Commission implementing decision renewing the authorisation for the placing on the market of products containing, consisting of or produced from genetically modified maize Bt 11 (SYN-BTØ11-1) pursuant to Regulation (EC) No 1829/2003 of the European Parliament and of the Council (D073424/01 – 2021/2761(RSP)

Tabari, H., Hosseinzadehtalaei, P., Thiery, W., Willems, P. (2021), «Amplified drought and flood risk under future socioeconomic and climatic change». *Earth's Future*, vol. 9, https://doi.org/10.1029/2021ef002295

Zsögön, A., Čermák, T., Naves, E. R., Notini, M. M., Edel, K. H., Weinl, S., Freschi, L., Voytas, D. F., Kudla, J., Peres, L. E. P. (2018), «De novo domestication of wild tomato using genome editing», *Nature Biotechnology*, 36, p. 1211-1216, https://doi.org/10.1038/nbt.4272

5. CRÉIXER EN SIMBIOSI: HUMANITAT I NATURA

Fujiwara, R., Sanuki, R., Ajiro, H. *et al.* (2021), «Direct fermentative conversion of poly(ethylene terephthalate) into poly(hydroxyalkanoate) by *Ideonella sakaiensis*», *Scientific Reports,* 11, https://doi.org/10.1038/s41598-021-99528-x

6. EVOLUCIÓ, UNA FINESTRA AL PASSAT, AL PRESENT I AL FUTUR?

Darwin, C. (1859), *On the origin of species by means of natural selection*, Londres, Murray.

Templeton, A. R. (2010), «Has human evolution stopped?», *Rambam Maimonides M*edical *Journal*, 1 (1), https://doi.org/10.5041/RMMJ.10006

Laland, K., Odling-Smee, J., & Myles, S. (2010), «How culture shaped the human genome: bringing genetics and the human sciences together», *Nature Reviews Genetics*, 11 (3), p. 137-148, https://doi.org/10.1038/nrg2734

Smith, J. M. (1993), *The theory of evolution, Cambridge,* Cambridge University Press.

7. COM NADAR EN UNA PISCINA DE MEL

Purcell, E. M. (1977), «Life at low Reynolds number», *American Journal of Physics,* 45, 3.

Reynolds, O. (1883), *An experimental investigation of the circumstances which determine whether the motion of water shall be direct or sinuous, and of the law of resistance in parallel channels*, The Royal Society, vol. 174.

Lauga, E. (2020), *The fluid dynamics of cell motility*, Cambridge, Cambridge University Press.

Davidson, P. A. (2015), *Turbulence: An introduction for scientists and engineers*, Oxford, Oxford University Press.

8. EL CÀNCER I LA CAPSA DE PANDORA

Alcaide Lucena, M., Rodríguez González, C. J., De Reyes Lartategui, S., Gallart Aragón, T., Sánchez Barrón, M. T., García Rubio, J., Torné Poyatos, P. (2021), «Clasificación actual del cáncer de mama. Implicación en el tratamiento y pronóstico de la enfermedad», *Cirugía Andaluza*, 32 (2).

Baena Valencia, J. C., Peláez Giraldo, I., Castaño Molina, E. (2009). «La historia sin final de un polifacético guardián», *Biosalud*, 8 (1), p. 217-230, http://www.scielo.org.co/scielo.php?script=sci_arttext&pid=S1657-95502009000100022&lng=en&tlng=

Chen, D. S., & Mellman, I. (2013), «Oncology meets immunology: the cancer-immunity cycle», *Immunity*, 39 (1), p. 1-10, https://doi.org/10.1016/j.immuni.2013.07.012

Faguet, G. B. (2015), «A brief history of cancer: age-old milestones underlying our current knowledge database», *International Journal of Cancer*, 136 (9), p. 2022-2036, https://doi.org/10.1002/ijc.29134

Finkel, T., Holbrook, N. J. (2000), «Oxidants, oxidative stress and the biology of ageing», *Nature*, 408 (6809), p. 239-247, https://doi.org/10.1038/35041687

Hajdu, S. I. (2011), «A note from history: landmarks in history of cancer», part 1. *Cancer*, 117 (5), p. 1097-1102, https://doi.org/10.1002/cncr.25553

Hanahan D. (2022), «Hallmarks of cancer: New dimensions», *Cancer discovery*, 12 (1), p. 31-46, https://doi.org/10.1158/2159-8290.CD-21-1059

Hanahan, D., Weinberg, R. A. (2000), «The hallmarks of cancer», *Cell*, 100 (1), p. 57-70, https://doi.org/10.1016/s0092-8674(00)81683-9

Hanahan, D., Weinberg, R. A. (2011), «Hallmarks of cancer: the next generation», *Cell*, 144 (5), p. 646-674, https://doi.org/10.1016/j.cell.2011.02.013

Kirkwood, T. B., & Austad, S. N. (2000), «Why do we age?», *Nature*, 408 (6809), p. 233-238, https://doi.org/10.1038/35041682

Marei, H. E., Althani, A., Afifi, N., Hasan, A., Caceci, T., Pozzoli, G., Morrione, A., Giordano, A., Cenciarelli, C. (2021), «p53 signaling in cancer progression and therapy», *Cancer Cell International*, 21 (1), p. 703, https://doi.org/10.1186/s12935-021-02396-8

Padariya, M., Jooste, M. L., Hupp, T., Fåhraeus, R., Vojtesek, B., Vollrath, F., Kalathiya, U., Karakostis, K. (2022), «The elephant evolved p53 isoforms that escape MDM2-mediated repression and cancer», *Molecular Biology and Evolution*, 39 (7), https://doi.org/10.1093/molbev/msac149

Seluanov, A., Gladyshev, V. N., Vijg, J., Gorbunova, V. (2018), «Mechanisms of cancer resistance in long-lived mammals», *Nature Reviews. Cancer*, 18 (7), p. 433-441, https://doi.org/10.1038/s41568-018-0004-9

Sociedad Española de Oncología Médica (SEOM) (2022), *Las cifras del cáncer en España 2022*. https://seom.org/publicaciones/el-cancer-en-espanyacom

9. UNA SABATA A LA TEVA MIDA

Chen, C. T., Kesselheim, A. S. (2017), «Journey of generic imatinib: A case study in oncology drug pricing», *Journal of Oncology Practice*, 13 (6), p. 352-355, https://doi.org/10.1200/JOP.2016.019737

Goetz, L. H., & Schork, N. J. (2018), «Personalized medicine: Motivation, challenges and progress», *Fertility and Sterility*, 109 (6), p. 952-963, https://doi.org/10.1016/j.fertnstert.2018.05.006

Moser, C., Lerche, C. J., Thomsen, K., Hartvig, T., Schierbeck, J., Jensen, P. Ø., Ciofu, O., Høiby, N. (2019), «Antibiotic therapy as personalized medicine. General considerations and complicating factors», *Acta Pathologica, Microbiologica et Immunologica Scandinavica*, 127 (5), p. 361-371, https://doi.org/10.1111/apm.12951

Sykiotis, G. P., Kalliolias, G. D., Papavassiliou, A. G. (2005), «Pharmacogenetic principles in the Hippocratic writings», *Journal of Clinical Pharmacology*, 45 (11), p. 1218-1220, https://doi.org/10.1177/0091270005281091

Wojcik, G. L., Graff, M., Nishimura, K. K., Tao, R., Haessler, J., Gignoux, C. R., Highland, H. M., Patel, Y. M., Sorokin, E. P., Avery, C. L., Belbin, G. M., Bien, S. A., Cheng, I., Cullina, S., Hodonsky, C. J., Hu, Y., Huckins, L. M., Jeff, J., Justice, A. E., *et al.* (2019), «Genetic analyses of diverse populations improves discovery for complex traits», *Nature*, 570 (7762), p. 514-518, https://doi.org/10.1038/s41586-019-1310-4

10. LES MÀQUINES PENSEN?

May, M., «Eight ways machine learning is assisting medicine» (2021), *Nature Medicine*, 27, p. 2-3, https://doi.org/10.1038/s41591-020-01197-2

Sidey-Gibbons, J., Sidey-Gibbons, C. (2019), «Machine learning in medicine: a practical introduction», BMC *Medical Research Methodology*, 19 (64), https://doi.org/10.1186/s12874-019-0681-4

11. CICLES D'HISTÈRESI: RUTA CIRCULAR

Schmitt, O. H. (1938), «A thermionic trigger», *Journal of Scientific Instruments*, 15 (1), 24. https://doi.org/10.1088/0950-7671/15/1/305

Acheson, D. J. (1990), *Elementary Fluid Dynamics*, Oxford, Oxford University Press.

Mergell, P., Hanspeter, H., Wittenberg, T., Tigges, M., Eysholdt, U. (1998), «Phonation onset: Vocal fold modeling and high-speed glottography», *The Journal of the Acoustic Society of America*, 104 (1), p. 464-470.

Bertotti, G. (1998), *Hysteresis in Magnetism*, San Diego, Academic Press.

Ewing, J. A. (1889), «On hysteresis in the relation of strain to stress», *British Association Reports*, p. 502.

12. EL PODER TRENCADOR DE LA VEU

Apfel, R. E. (1985), «"Whispering" waves in a wineglass», *American Journal of Physics*, 53, p. 1070-1073.

Billah, K. Y., Scanlan, R. H. (1991), «Resonance, Tacoma Narrows bridge failure, and undergraduate physics textbooks», *American Journal of Physics*, 59, p. 118-124.

French, A. P. (1983), «In vino veritas: A study of wineglass acoustics», *American Journal of Physics*, 51 (688).

Gdoutos, E. (2020), *Fracture mechanics: An introduction*. Nova York, Springer International Publishing.

Rossing, T. D. (1994), «Acoustics of the Glass Harmonica», *The Journal of the Acoustic Society of America*, 95 (1106).

Scharping, N. (2020), «What would the Sun sound like If we could hear it on earth?», *Discover Magazine*, https://www.discovermagazine.com/the-sciences/what-would-the-sun-sound-like-if-we-could-hear-it-on-earth

13. CERCANT RECERQUES

Brin, S., & Page, L. (1998), «The anatomy of a large-scale hypertextual web search engine», *Computer Networks and* ISDN *Systems*, 30, p. 107-117, https://doi.org/10.1016/S0169-7552(98)00110-X

Franceschet, M. (2010), «PageRank: Standing on the shoulders of giants», *Communications of the* ACM, 54, p. 92-101, https://doi.org/10.48550/arXiv.1002.2858

Schulman, J., Wolski, F., Dhariwal, P., Radford, A., Klimov, O. (2017), «Proximal policy optimization algorithms», *ArXiv,* 1707.06347, https://doi.org/10.48550/arXiv.1707.06347

14. RES MÉS NATURAL I UNIVERSAL QUE VOLER CONNECTAR

Ising, T., Folk, R., Kenna, R., Berche, B., Holovatch, Y. (2017), «The fate of Ernst Ising and the fate of his model», *ArXiv*, 1706.01764. doi:10.48550/arXiv.1706.01764

Niss, M. (2005), «History of the Lenz-Ising model 1920-1950: From ferromagnetic to cooperative phenomena», *Archive for History of Exact Sciences*, 59 (3), p. 267-318, http://www.jstor.org/stable/41134205

Niss, M. (2009), «History of the Lenz-Ising model 1950-1965: From irrelevance to relevance», *Archive for History of Exact Sciences,* 63, p. 243-287, https://doi.org/10.1007/s00407-008-0039-5

Niss, M. (2011), «History of the Lenz-Ising model 1965-1971: The role of a simple model in understanding critical phenomena», *Archive for History of Exact Sciences,* 65, p. 625-658, https://doi.org/10.1007/s00407-011-0086-1

Stauffer, D. (2008), «Social applications of two-dimensional

Ising models», *American Journal of Physics*, 76 (4), p. 470-473, https://doi:10.1119/1.2779882

Tong, D. (2017), *Lectures on statistical field theory*. Cambridge, University of Cambridge. https://www.damtp.cam.ac.uk/user/tong/sft.html

Van der Maas, H. L. J., Dalege, J., Waldorp, L., Moreno, Y. (2020), «The polarization within and across individuals: The hierarchical Ising opinion model», *Journal of Complex Networks*, 8 (1), p. 1-23, https://doi:10.1093/comnet/cnaa010

15. PÀVLOV I ELS MISTERIS DE L'APRENENTATGE

Domjan, M. (2010), *Principios de aprendizaje y conducta*, Mèxic, Wadsworth Cengage Learning.

16. EL GPS DEL CERVELL

Maguire, E. A., Gadian, D. G., Johnsrude, I. S., Good, C. D., Ashburner, J., Frackowiak, R. S. J., Frith, C. D. (2000), «Navigation-related structure change in the hippocampi of taxi drivers», *Proceedings of the National Academy of Sciences*, 97, p.4398-4403.

O'Keefe, J., Dostrovsky, J. (1971), «The hippocampus as a spatial map: Preliminary evidence from unit activity in the freely-moving rat», *Brain research*, 34 (1).

O'keefe, J., Nadel, L. (1979), «Précis of O'Keefe & Nadel's 'The hippocampus as a cognitive map'», *Behavioral and Brain Sciences*, 2 (4), p. 487-494.

Hafting, T., Fyhn, M., Molden, S., Moser, M. B., Moser, E. I. (2005), «Microstructure of a spatial map in the entorhinal cortex», *Nature*, 436 (7052), p. 801-806.

Ramon y Cajal, S. (1909), *Histologie du système nerveux de l'homme et des vertébrés*, París, Maloine.

Kandel, E. R., Schwartz, J. H., Jessell, T. M., Siegelbaum, S., Hudspeth, A. J., Mack, S. (eds.) (2000), *Principles of neural science*, Nova York, McGraw-Hill, vol. 4, p. 1227-1246.

Per saber-ne més

Seguint aquest codi QR accedireu a una llista de referències penjades a les xarxes que us ajudaran a entendre i ampliar els continguts que heu trobat a cada capítol.

Sobre els autors

Toni Bertólez Martínez
M'agraden molt les abraçades, i també abraço els embolics amb la mateixa il·lusió del primer cop que ho vaig fer. Després d'un grau en física i un màster en física de partícules i cosmologia a la Universitat de Barcelona estic investigant a l'Institut de Ciències del Cosmos (ICCUB) en coses que són una mica menys espectaculars del que sonen però molt més apassionants. En el meu temps lliure, com a bon català, em deixo portar per la joia de fer coses mentre intento convèncer-me que també puc ser una persona creativa. Busqueu-me a les xarxes sota el projecte «Del buit al tot» i ja em direu si ho aconsegueixo!

Miquel Bosch i Padrós
A l'institut vaig descobrir que m'agradaven la física i les matemàtiques, i que la biologia no tant. Però després de fer el grau i el màster d'enginyeria física a la Universitat Politècnica de Catalunya he començat un doctorat en biofísica a l'Institut de Bioenginyeria de Catalunya (IBEC). Aquesta reconciliació amb les ciències de la vida segueix sent un repte, però també m'anima a continuar aprenent. Amb la voluntat de mantenir el contacte amb els amics del grau, vam començar el pòdcast *La quarta llei de Newton*, on utilitzem la ciència per riure i trastejar entre nosaltres.

Marc Canela Grimau

Nascut al Penedès, soc graduat en bioquímica i màster en neurociències per la Universitat de Barcelona. La meva passió per la ciència m'ha portat a començar el doctorat en biomedicina a la Universitat Pompeu Fabra, que estudia els circuits cerebrals d'alguns processos cognitius complexos, com ara la memòria i l'aprenentatge. En el meu temps lliure, m'agrada divulgar i apropar el coneixement científic a tothom com a membre fundador del projecte Ciència Oberta.

Pau Clavell Revelles

Encuriosit pel funcionament de les cèl·lules, vaig estudiar bioquímica a la Universitat de Barcelona per acabar fent recerca en bioinformàtica al Centre de Supercomputació de Barcelona (BSC). Encara que la meva investigació científica se centra a entendre l'impacte de la diversitat genètica de les persones, aprofito la divulgació en català per explorar altres camps i retornar a la societat les millors curiositats del món científic, sempre que puc aprofitant anècdotes d'història, a través del portal de Ciència Oberta.

Mariona Colomer Rosell

Nascuda a Sant Vicenç de Torelló, em meravellen les muntanyes i les cèl·lules. Soc graduada en física per la Universitat de Barcelona i màster en biologia computacional i bioinformàtica a l'ETH Zuric (Suïssa); actualment faig el doctorat al Biozentrum de la Universitat de Basilea en biologia del desenvolupament per estudiar com es crea la vida. Durant aquests anys he tingut l'oportunitat d'endinsar-me en el món de la recerca i he pogut créixer alhora com a investigadora i com a persona. És per això que vull ajudar a qui té inquietuds científiques a acostar-se a un món captivador i amb molts camps per explorar. La ciència s'ha de viure!

Mariona Esquerda Ciutat

Tot i tenir les arrels a Lleida, he viscut vora deu anys a Barcelona mentre em formava com a científica i docent. Em vaig llicenciar en física a la Universitat de Barcelona, vaig fer un màster en geofísica a la mateixa universitat i després em vaig dedicar a la docència a Barcelona i a Princeton, als Estats Units. Ara mateix visc a Dresden, Alemanya, on treballo creant contingut divulgatiu a l'Institut de Recerca Max Planck per a la Física dels Sistemes Complexos, MPI-PKS. A YouTube soc La Dimoni de Maxwell, on faig vídeos sobre els fenòmens més curiosos i interessants de la física. La passió per la divulgació de la física també m'ha portat a connectar amb altres divulgadors catalans sota el paraigua de Neurones Fregides.

Clàudia Ferrer Aumatell

Soc graduada en bioquímica per la Universitat de Barcelona i he completat el meu màster en biomedicina al Karolinska Institutet de Suècia. La ciència m'apassiona de moltes maneres: des de dissenyar-la fins a investigar-la, experimentar-la i comunicar-la. Però el que m'interessa especialment és explorar la genètica que hi ha darrere les malalties. Vaig traslladar-me al centre i després al nord d'Europa fa dos anys, però la participació en projectes de ciència en català, com Ciència Oberta, em manté connectada amb les meves arrels.

Quim Frigola Casals

Des d'un petit poble al peu del Montseny vaig descobrir que m'agradaven dues coses: saber com funcionava el que hi havia al meu entorn i explicar-ho als altres. Així, les meves preguntes van anar augmentant fins que vaig tenir clar que em volia dedicar a la ciència. Finalment, vaig acabar estudiant física i matemàtiques a la Universitat Autònoma de Barcelona, on vaig descobrir la meva gran passió, la modelització matemàtica. Des de llavors exploro aquest món meravellós que hi ha darrere els patrons de la natura i intento transmetre aquesta passió als que m'envolten.

Cristina Hurtado Tripiana

Soc graduada en biologia per la Universitat de Barcelona i tinc un màster en genètica i genòmica, també per la Universitat de Barcelona Com que no sé estar quieta, ja fa un temps que volto per Europa. He viscut als Països Baixos, a Suècia, i actualment treballo en una empresa de comunicació científica per a projectes europeus a Alemanya. Porto un temps dedicant-me a la divulgació científica en català i soc corresponsable del projecte Divubio a Instagram, on fem contingut sobre biologia de manera artística. També em podeu trobar a Ciència Oberta, on realitzo experiments que es poden fer a casa.

Víctor Jiménez Martínez

Graduat en bioquímica per la Universitat de Barcelona em vaig veure encaminat cap al món de la bioinformàtica amb el màster d'anàlisi de dades òmiques de la Universitat de Vic. Quan tot just començava ja vaig descobrir una passió en la recerca del càncer, així que actualment faig el doctorat en biomedicina a l'Idibaps. A més, intento despertar l'interès per la ciència a Ciència Oberta, amb tota la responsabilitat que comporta divulgar. En els meus continguts deixo entreveure també el meu gust per la biologia, l'evolució i la història i la filosofia.

Guillem Megias Homar

Graduat en enginyeria física per la Universitat Politècnica de Catalunya i màster en aeronàutica i astronàutica per la Universitat de Stanford, actualment m'estic doctorant en aeronàutica i astronàutica i treballo a l'Observatori Vera C. Rubin desenvolupant-ne el sistema d'òptica actiu. M'interessa la frontera entre l'enginyeria i la ciència, i tot allò que mira cap a l'espai. Per transmetre distesament l'interès per la ciència i la curiositat d'aprendre, formo part del projecte *La quarta llei de Newton* i, per extensió, de la comunitat de divulgadors de Neurones Fregides.

Agnès Pérez Millan
Graduada en física per la Universitat de Barcelona i màster en bioinformàtica i bioestadística a la Universitat Oberta de Catalunya i la Universitat de Barcelona. Actualment estic a l'últim any del doctorat, que estic duent a terme entre la Fundació Recerca Clínic Barcelona-Idibaps i l'Institut de Neurociències de la Universitat de Barcelona sobre malalties neurodegeneratives amb un enfocament matemàtic. D'ençà que al meu institut va venir un investigador a explicar la seva recerca, he pensat que era molt necessari fer divulgació científica, i actualment en faig des de Ciència Oberta.

Pau Riera i Portillo
Encara no estic segur de com em vaig graduar en enginyeria física per la Universitat Politècnica de Catalunya, però vaig trobar en els mètodes numèrics un amic de debò. Això em va dur a estudiar un màster de física computacional per la Universitat d'Estocolm i la Reial Acadèmia de Tecnologia KTH a, òbviament, Estocolm, Suècia. Com una fulla moguda pel vent, vaig acabar començant un doctorat per estudiar el modelatge computacional de l'adhesió del gel a la superfície d'avions i aeronaus. De tant en tant desfoguem les penes al pòdcast *La quarta llei de Newton* amb en Guillem i en Miquel.

Nil Salvat i Rovira
Encuriosit pel que m'envolta des de ben petit, la ciència ha marcat sempre la meva manera de ser i de fer. Graduat en bioquímica i màster en neurociències per la Universitat de Barcelona, actualment estic fent un doctorat de medicina estudiant la malaltia de Huntington a l'Institut de Recerca de l'Hospital de la Santa Creu i Sant Pau. Com que fer ciència serveix de poc si ningú la sap explicar, ja fa uns anys que he fet de la passió per explicar el que faig en el dia a dia un projecte anomenat Ciència Oberta, on publico reportatges sobre preguntes que em faig sovint.

Ferran Velasco Mallorquí
Graduat en enginyeria biomèdica (Universitat Politècnica de Catalunya), màster en enginyeria biomèdica (Universitat de Barcelona) i doctor en biomedicina (Universitat de Barcelona), on vaig realitzar la tesi en el camp de l'enginyeria de teixits, durant aquest període vaig engegar el projecte Parlem de Ciència a YouTube, on vaig començar a divulgar ciència transversal i en català. Tot i els alts i baixos del projecte, segueixo divulgant tant al canal de YouTube com a Twitter.

Cèlia Ventura i Gabarró
Biòloga humana (Universitat Pompeu Fabra) i graduada en salut global a la Universitat d'Uppsala, Suècia, soc una fervent defensora de la unió de les ciències i les arts, i la divulgació científica és el meu pont per unir tots dos àmbits. Físicament, continuo per terres nòrdiques, però virtualment em podeu trobar per xarxes fent divulgació sota l'àlies «Soc Tastaolletes». A YouTube, Twitter, Instagram i TikTok faig contingut sobre biologia, salut global, experiments per fer a casa, recomanacions de llibres... També col·laboro amb Ciència Oberta escrivint contes científics per als petits i no tan petits.